U0384831

羊肚菌栽培新技术

贾乾义　毛宗洪　刘春华
王增池　严正红　刘玉英　编著

黄河水利出版社

·郑州·

内 容 提 要

本书以实际操作为重点,全面、系统、深入地介绍了羊肚菌栽培技术的基础知识、关键技术、基本技能,从实践与理论相结合的角度,较为详细地阐述了羊肚菌生长发育过程中的各种情况,给出了具体栽培操作程序和技术管理要点,以期提高读者对羊肚菌栽培技术的实际运用能力。全书力求体现羊肚菌栽培技术的最新进展,本书可供基层广大羊肚菌栽培从业者阅读参考,也可作为相关人员研究羊肚菌栽培技术的专业参考书。

图书在版编目(CIP)数据

羊肚菌栽培新技术/贾乾义等编著. —郑州:黄河水利出版社,2020.6
ISBN 978 - 7 - 5509 - 2714 - 8

Ⅰ.①羊… Ⅱ.①贾… Ⅲ.①羊肚菌 - 蔬菜园艺　Ⅳ.①S646.7

中国版本图书馆 CIP 数据核字(2020)第 111131 号

组稿编辑:岳晓娟　电话:0371 - 66020903　E-mail:2250150882@ qq. com

出　版　社:黄河水利出版社
　　　　　地址:河南省郑州市顺河路黄委会综合楼 14 层　邮政编码:450003
　　　　　　　　　　　　　　　　　　　　　　　网址:www. yrcp. com
发行单位:黄河水利出版社
　　　　　发行部电话:0371 - 66026940、66020550、66028024、66022620(传真)
　　　　　E-mail:hhslcbs@ 126. com
承印单位:河南瑞之光印刷股份有限公司
开本:890 mm × 1 240 mm　1/32
印张:4.25
字数:110 千字
版次:2020 年 6 月第 1 版　　　印次:2020 年 6 月第 1 次印刷

定价:98.00 元

前　言

　　羊肚菌素有菌王之称,位居世界四大野生名菌羊肚菌、黑虎掌菌、松茸菌、牛肝菌之首,肉质鲜美脆嫩,营养和药用价值极高。我国有关羊肚菌的记载始于明代李时珍的《本草纲目》,其性平、味甘,具有益肠胃、补肾壮阳、补脑提神、化痰理气的功效,对脾胃虚弱、痰多气短、头晕失眠、阳痿不举都有良好的疗效。现代医学研究表明,羊肚菌含有抑制肿瘤、抗菌、抗病毒的活性成分,羊肚菌多糖还有消除面部雀斑、色素、美容嫩肤的特殊疗效,在保健、制药方面具有广泛的用途。

　　当前,人们越来越关注健康问题,作为菌中之王的羊肚菌更是引领、迎合了大众的这种消费需求,市场需求日趋旺盛。目前,羊肚菌的产业开发还仅处于大田化生产阶段,对其衍生出来的食品、保健品和药品的开发还甚少见,仍停留在产业发展的上游阶段,正处于产业的成长期。而随着社会经济的快速发展,人民群众生活品质的不断提升,市场需求会更加扩大,加之羊肚菌栽培技术仍在不断地完善成熟,因此这样一个成长型产业,显然具有广阔的市场发展前景。

　　本书力求系统、全面、简洁、实用,本书可供基层广大羊肚菌栽培从业者阅读参考,也可作为相关人员研究羊肚菌栽培技术的专业参考书。本书编写视角独特、题材新颖、图文并茂,力图全面、深入地介绍羊肚菌高产栽培技术的基础知识、关键技术、基本技能,以期提高读者对羊肚菌栽培技术的实际运用能力。本书编者具有长期从事食用菌以及羊肚菌栽培的实践经验与较高的学术造诣,力图从实践与理论相结合的角度,来叙述、阐释羊肚菌生长发育过程中的各种情况,力求给予从业者更多思考与引导,以期达到消除更多栽培过程中的不确定性,从而实现羊肚菌栽培高产、稳产、高效的目的。

羊肚菌是我国已经基本驯化成功的一个名贵食用菌品种,栽培技术日渐成熟,栽培工艺不断简化,产量渐趋稳定,具有非常好的发展前景。羊肚菌栽培不限地域,栽培原料资源丰富,栽培工艺相对简单,用工少、成本低、效益高,生产设施可简可繁,生产规模可大可小,既可以在大田进行设施化规模栽培,也可以在林多地稀的山区进行散棚栽培或林下生态栽培,既可以作为现代高效农业的重点产业,也可以作为贫困山区农民群众脱贫致富的重要途径,经济效益、生态效益和社会效益均较为显著。

本书的部分图片因无法找到原创作者,未注明图片作者。请图片作者与我们联系。联系人:刘玉英,联系电话:15303328285。

冀望通过本书的出版,能把一本有价值的羊肚菌栽培新技术的书籍奉献给读者。限于作者水平,不当之处在所难免,敬请读者多提宝贵意见!作者联系方式:王增池,河北省沧州职业技术学院,联系电话:18931728769。

作　者

2020 年 1 月

目　录

第一章 绪 论

第一节 生物的基本特征

一、生物的分类

生物体都是由一个或多个细胞所组成的,也是自然界之中最为复杂的系统。在化学组成上,细胞与无生命物体的不同在于,在细胞中除了含有大量的水(50%以上),还含有种类繁多的有机分子,特别是起关键作用的大分子:核酸、蛋白质、多糖和脂质。细胞所合成的几乎所有分子都含有碳,生物体中含碳化合物的数量仅次于水的数量。除一氧化碳、二氧化碳和碳酸盐等简单的化合物外,其他一切含碳化合物统称为有机化合物。

在生物体以及细胞内,存在着无休止的化学变化,一系列的酶促反应组成复杂的反应网络,这些化学反应的总和称为新陈代谢。所有生物都要从外部捕获能量来驱动化学反应。自养生物从太阳光获取能量,利用简单的原料去合成自身复杂的有机分子。异养生物从食物中获得能量,利用酶的作用将食物加以分解,作为合成自身生物大分子的原料。生物体内新陈代谢所需要的条件,如温度、光强、压力、pH 等,局限在一定的幅度之内。生物体具有多重调节机制,当环境因素发生某些变化时,会随时感受到这些变化及刺激,并作出维持生命活动的应答,以保持体内新陈代谢条件的相对稳定。

地球的表层空间是生命的家园。从赤道到极地,从雨林到沙漠,到处都有生命的踪迹,具有巨大的生物多样性。物种的数量更大,高达几百万的数量级。支原体是最小的单细胞生物,直径仅有 100 nm;北美的一株巨杉高达 83 m,重达 6 167 t。在生命个体的寿命上,细菌一般每 1 分钟分裂 1 次;有一株被砍伐的巨杉树龄,高达 3 200 年。在营养方式上,有些生物是自养的,如绿色植物、红藻等,有的则是异养的,如真菌、细菌、动物等。

传统生物学将生物划分为植物和动物两界,至今还采用着。自 20 世纪 60 年代以来,较多采用的五界系统为植物界、动物界、菌物界(真菌界)、原生生物界和原核生物界。动物界与其他各界最为明显的区别,在于其特有的感觉器官和神经系统。

按传统的植物和动物两界系统分类,现在已知的植物界种类达 50 余万种,分为藻类、菌类、地衣、苔藓、蕨类和种子植物等六大类,其中藻类、菌类属低等植物(无胚植物),地衣、苔藓、蕨类和种子植物属高等植物(有胚植物)。

微生物大多是指如藻类、菌类等一些个体微小、构造简单的低等植物,它不是分类学上的叫法,而是指肉眼难以看清楚,需借助显微镜才能观察到的一切微小生物的总称,如放线菌、酵母菌、霉菌、真菌和显微藻类,以及属于非细胞类的病毒等。但是,微生物中也有些成员是肉眼可见的,例如许多真菌的子实体;某些藻类能长达几米;近几年来还发现,有的细菌也能肉眼可见。

细胞是构成所有生物体的最小基本单位。细胞是有机体,动、植物都是这些有机体的集合物,它们按照一定的规则排列在动、植物体内。

自然界中也存在非细胞结构的生物——病毒,但病毒单独存在时,只是一类蛋白质和核酸组成的大分子,不能进行任何形式的代谢,只有寄生于宿主的细胞内,才具有生命特征,以及进行代谢和繁殖。

二、植物细胞的形态和繁殖

(一)细胞的形态

植物细胞由大量原生质体和细胞壁组成,这些原生质体又可以明显地区分为细胞核与细胞质两部分。

通常一个细胞只有一个核,但有些细胞可以是双核或多核的,尤其多见于菌藻植物,如羊肚菌其菌丝为多核体,子囊孢子细胞的核多达 20 ~ 60 个。细胞的遗传物质(DNA)主要集中在核内,因此细胞核也可作为一个控制细胞遗传和发育的特殊的细胞器。

细胞质充满在细胞核与细胞壁之间,主要由称为细胞器的一些具有特定功能的微"器官"组成,如进行光合作用的叶绿体、进行呼吸作用的线粒体、进行蛋白质合成作用的核糖核蛋白体、形成细胞形状的微管和微丝以及可以分解各种生物大分子的各种溶酶体等。

(二)细胞的繁殖

植物生长和繁衍后代,组成植物体的细胞就必须进行繁殖。羊肚菌从子囊孢子萌发菌丝,进而菌丝生长、产生分生孢子、菌丝体分化形成原基、子实体生长发育,最后又形成子囊孢子,都必须以细胞繁殖为前提。细胞繁殖也就是细胞数目的增加,这种增加是通过细胞的分裂来实现的。细胞分裂主要有两种方式:有丝分裂和减数分裂。

1. 有丝分裂

有丝分裂又称为间接分裂,是大多数细胞分裂最普遍的形式。在有丝分裂的过程中,细胞的形态,尤其是细胞核的形态发生了明显的变化,出现了染色体和成束的微管,有丝分裂由此得名。

在有丝分裂过程中,每次核分裂前必须进行一次染色体的复制。在分裂时,每条染色体裂为两条子染色体,平均地分配给两个子细胞,这样就保证了每个子细胞具有与母细胞相同数量和类型的染色体。决定遗传特性的基因既然存在于染色体上,那么,每一个子细胞就有着和母细胞同样的遗传性。在子细胞成熟时,它又能进行分裂。在植物的生长发育时期,会出现无数的细胞分裂,而每一个细胞以后的分裂,基本上仍按上述过程往复进行。因此,有丝分裂保证了子细胞具有与母细胞相同的遗传潜能,保持了细胞遗传的稳定性。

2. 减数分裂

植物在有性生殖过程中,都要进行一次特殊的细胞分裂,这就是减数分裂。在减数分裂过程之中,细胞连续分裂两次,但染色体只复制一次,因此,使同一细胞分裂成的 4 个子细胞的染色体数只有母细胞的一半,减数分裂由此而得名。

减数分裂具有重要的生物学意义。减数分裂直接与生物的有性生殖相联系,它发生在特殊的细胞之中,通过减数分裂,新生的有性生殖细胞(配子)的染色体数目减半,而在以后发生的有性生殖时,两个雌雄(或 + 、-)配子相结合形成质配,以及由质配所带入同一细胞内的两个细胞核相互融合又产生核配,从而形成新的细胞即合子,合子的染色体重新获得恢复到亲本的数目。这样周而复始,使有性生殖的后代始终保持亲本固有的染色体数目和类型。因此,减数分裂是有性生殖的前提,是保持物种稳定性的基础。同时,在减数分裂过程中,由于染色体发生联会、交叉和片段互换,从而使同源染色体上父母本的基因发生重组,从而产生了新类型的单倍体细胞,这就是有性生殖能使子代产生变异的重要原因。人们可利用此种特性,经过留优淘劣、有目的地选择并累积有益变异的过程,达到自然选育优良菌种的目的。这种自然选育方法也是一种最为简便、无需特殊技术、应用最为广泛的选种方法,无论各地都可进行。

三、植物细胞的生长与分化

植物的生长，不仅只是细胞数量的增加，而且也与细胞自身的生长有密切的关系。细胞分裂形成新细胞，最初体积较小，只有原来母细胞的一半，但能迅速地合成新的原生质，细胞随之增大，其中有些细胞在恢复到与母细胞一样大小时，便又继续分裂，但大部分细胞不再分裂，而进入生长时期。细胞生长就是指细胞体积的增大。一个细胞经生长以后，体积可以增加到原来大小的几倍、几十倍，某些细胞如纤维，在纵向上可能增加几百倍、几千倍。由于细胞的这种生长，就使植物体表现出明显的伸长或扩大，例如菌丝的伸长、子实体的长大，都是细胞数目增加和细胞生长的共同结果，但是，细胞生长常常在其中起主要作用。

植物细胞的生长是有一定限度的，当体积达到一定大小后，便会停止生长。细胞最后的大小，除受遗传因子的控制，还会受环境条件如水分、营养、温度等因素的影响。

植物的个体发育，是植物细胞不断分裂、生长和分化的结果。细胞的作用具有分工，与之相适应，细胞在结构、功能和形态上就会出现各种特化，称之为细胞分化，例如羊肚菌菌丝在生长中形成原基的过程，就称为菌丝分化。

细胞分化是一个复杂的问题，同一植物的所有细胞具有相同的遗传物质，但它们却可以分化成不同的形态。即使同一个细胞，在不同的条件下也可能分化成不同的类型。细胞的分化是诸多因素的影响，辟如，细胞在植物体内的位置、发育时期、激素和化学物质、细胞极性，以及光照、温度、湿度等物理因素，都能够影响到细胞的分化。

第二节　食用菌

食用菌属于植物界真菌门子囊菌亚门和担子菌亚门,其中绝大部分为担子菌。子囊菌主要有羊肚菌、块菌、虫草等;担子菌主要有牛肝菌、灵芝、猴头菇、双孢菇、木耳、大球盖菇、香菇、平菇、草菇等。

一、蕈菌的由来

蘑菇一词,基本上等同于大型真菌。西方人将蘑菇等同于大型食用真菌,有时特指双孢蘑菇,食用菌又被称为食用蘑菇或蘑菇。中国古代将生长在树上的蘑菇称作"菌",而将土壤中长出的蘑菇称作"蕈",因此现在也有人将蘑菇称为"蕈菌"。日文中则用"菌蕈"作为蘑菇的同意词,等同于中文的"蕈菌"。

通常真菌的营养体是丝状的,不含叶绿体,以异养方式生活,产生各种有性孢子或无性孢子进行繁殖。大型真菌是指那些可以产生肉眼可见、徒手可摘的子实体的一类真菌。所谓子实体,是指真菌产生孢子的结构。

食用菌是食用真菌的简称,指那些可供人类食用的大型真菌。一些大型真菌兼有药用价值和营养保健功能,称为药用真菌,简称药用菌。多数食用菌兼有营养价值和保健功能,多数药用菌也被作为食用菌的一部分进行研究。

自然界一些食用菌在土壤腐殖质上生长和发育,主要依靠降解草本植物残体营腐生生活,称为草腐食用菌,简称草腐菌。但许多食用菌是在死亡的树木上营腐生生活,称为木腐食用菌,简称木腐菌。

早期木腐菌采用截短后的树木枝干进行栽培,因此称为段木栽培。后来采用木屑、棉籽壳、稻壳、玉米芯、秸秆等替代段木进行木腐菌栽培,故而称为代料栽培。

二、食用菌的营养价值

食用菌味道鲜美,营养丰富,含有多种生理活性物质,是非常优秀的健康保健食品。可食用部分通常是具有产孢结构的各种子实体,少数是菌核或子座。

食用菌子实体水分含量为 72% ~ 92%,其他为干物质。在食用菌子实体所含干物质中,有机物占 90% ~ 97%。据有关研究成果,在食用菌所含的 112 种干物质中,平均蛋白质约占 25%,脂质约占 8%,糖约占 52%,纤维约占 8%,灰分约占 7%。此外,食用菌干物质中还含有多种核酸、维生素,包括维生素 B_1(硫胺素)、维生素 B_2(核黄素)、维生素 B_3(烟酸)、维生素 C(抗坏血酸)和维生素 D(麦角固醇)等。

相较其他果蔬等植物性食品,食用菌具有蛋白质、多糖含量高,脂肪含量低的特点。多数食用菌中均含有全部的必需氨基酸,但氨基酸组成的百分比存在一定的区别。食用菌不仅含有通常的单糖、双糖和多糖,还有一些氨基糖、糖醇类、糖酚苷类、多糖蛋白类等植物少有的糖类。各种真菌多糖是食用菌重要的生理活性物质,具有调节人体免疫活性的能力。

食用菌脂肪含量占其干重的 1.1% ~ 8.0%,天然粗脂肪种类齐全,包括各种类脂化合物——游离态脂肪酸、甘油二酯、甘油三酯、固醇和磷酸酯等,主要是油酸、亚油酸等不饱和脂肪酸,具有降血脂的作用。

食用菌细胞壁由果胶类物质构成,主要成分是几丁质。几丁质是一种极好的膳食纤维,可助肠胃蠕动,预防便秘,同时还能吸附血液中多余的胆固醇,并使之经肠道排出体外,预防糖尿病的发生。食用菌灰分中钾含量最高、磷含量次之,钙、铁、硫、镁、钠、钴、钼等常量及微量矿质元素的含量也比较丰富。

食用菌核酸含量较农作物高,与鱼、肉等食品中核酸含量相近。食用菌中多聚肌苷酸和多聚胞苷酸等类核酸,具有抗病毒和抗肿瘤的作用;有些核酸水解成核苷酸后,可增加食物的鲜味;有些核酸还可以治疗冠心病、心肌梗死和肝炎等疾病。

多数食用菌含有呈香的风味物质,能促进食欲,香菇中的香味成分主要是香菇精。风味物质成分及含量不仅与食用菌种类有关,而且与品种、栽培时间、栽培方式、采收期有关。同一种食用菌原材料,因加工和储存方法的不同,也会影响到食用菌中风味物质的成分和含量。

三、食用菌的营养方式

所有食用菌均不能进行光合作用,即不能同化吸收空气中的二氧化碳,必须从其生长基质或寄主中获取营养。食用菌营养方式主要包含腐生、共生、寄生和兼性营生共 4 种类型。

(一)腐生型

腐生型真菌的菌丝通过分泌各种胞外酶,将死亡的植物残体分解、同化,从中获得养分和能量。人工栽培的食用菌大多数属于腐生型真菌,如羊肚菌、香菇、黑木耳、平菇、金针菇、双孢菇和草菇。

根据腐生型食用菌对植物残体的嗜好性不同,可分为草腐菌和木腐菌,前者如羊肚菌、大球盖菇和草菇,后者如香菇和木耳。

(二)共生型

许多名贵食用菌和药用菌属于共生菌,如松茸、美味牛肝菌、红菇、松乳菇等。这些食用菌和植物相互受益,菌根上的菌丝能提高矿物质的溶解度,促进植物对营养物质的吸收,保护植物根系免遭病原菌的侵袭,而菌丝也可以从植物中获取营养物质。

(三)寄生型

昆虫寄生真菌与虫体形成的复合体,常被称为虫草,其中最具有经济价值的当属冬虫夏草。冬虫夏草为冬虫夏草菌寄生于蝙蝠蛾幼虫中形成的虫菌复合体。虫体内部被菌丝充满,但保持了幼虫完整的外形,称为菌核;翌年夏天,又从虫体头部长出真菌的子座组织。

(四)兼性营生型

这类食用菌的适应范围较广,表现的生活方式也多样,既可腐生,又可寄生,如蜜环菌既可在枯木上腐生,又可在活树桩上寄生,还可与天麻共生。

也有人经过长期野外观察,提出羊肚菌既为腐生型也是共生型真菌的见解。自然界中羊肚菌弹射的子囊孢子像云雾一样,飘落在枯枝落叶层,在适宜的温度下子囊孢子会迅速萌发。当菌丝在生长过程中遇到植物须根,会迅速在根表蔓延,最终穿透皮层进入须根的髓部,形成吸器,开始真正的营养生长。

四、食用菌的温型

食用菌的代谢过程受到温度的制约,包括物理和化学反应。食用菌的代谢过程需要多种酶的参与,酶是菌丝进行生理代谢过程的催化剂。各种酶促反应均有其最适温度,此时酶促反应速率最快。超过最适温度时,酶蛋白分子将因为高温而逐渐失去活性,反应速率迅速下降。低温下酶活性降低,胞外酶对基质的降解量减少,菌丝得不到营养物质的补充而生长缓慢,但它们的内源呼吸仍在缓慢进行。内源呼吸是在外界营养无法供给,消耗内在储存的物质,以完成必需的生命活动而进行的呼吸。

细胞生命活动主要依赖于酶促化。酶是易发生热变性的蛋白质,热致死多是因为酶的热钝化引起的,因酶的变性导致生物体死亡。低温会降低或阻止食用菌的代谢作用。多数食用菌的菌丝体生长的最低温度是 $0 \sim 2$ ℃,最高温度是 $28 \sim 39$ ℃,一般的生长范围是 $5 \sim 33$ ℃。一般来说,菌丝对低温的耐受能力比高温要强得多。

不论任何食用菌,其子实体分化和发育的适温范围都比较窄,且比它的菌丝体生长所需的温度低。菌丝生长后期,如果温度降低,受到较低温度的刺激,形成子实体的激素就发生作用,菌丝体扭结形成原基,即分化。如果温度过高就不能形成原基。不同食用菌在子实体分化期间对温度的要求存在一定的差异,根据子实体分化所需的最适温度,可将食用菌大致分成三种温型。

(1)低温型:在较低的温度下菌丝才能分化形成子实体,最适温度在 20 ℃,如羊肚菌、金针菇、香菇等。

(2)中温型:子实体分化的最适温度在 20～24 ℃,最高不超过 28 ℃,如银耳、黑木耳等。

(3)高温型:子实体分化的最适温度在 24 ℃以上,最高可达约 40 ℃,草菇是最典型的代表,常见的还有灵芝、白黄侧耳、长根菇。

一般低温型食用菌能忍耐严寒,中低温型种类易受高温热害,高温型食用菌耐寒力极差。

有些种类的食用菌在子实体形成期间,不仅要求较低的温度,而且要求有一定的温差刺激才能形成子实体,这类食用菌称作变温结实型,如羊肚菌、香菇、平菇等。与此相反的,称为恒温结实型,如金针菇、黑木耳、猴头菇、草菇、灵芝等。

五、食用菌的繁殖方式

食用菌繁殖是形成具有种的全部典型特征的新个体的过程,分为无性繁殖和有性繁殖两种方式。

(一)无性繁殖方式

无性繁殖不通过生殖细胞的结合,而由亲代直接产生个体,它的特点是能反复进行,可产生不计其数的个体,产生的个体性状比较稳定。常用的子实体组织分离,菌索、菌核的组织分离,以及菌丝片段培养等,都属于无性繁殖范畴的母菌分离方法,也可称为营养繁殖。

(二)有性繁殖方式

有性繁殖是通过两性生殖细胞的结合而产生新个体,所产生的亲代兼有双亲的遗传特性,个体活力强,变异性较大。有性繁殖过程包含明显不同的阶段,第一个阶段是质配,两个细胞的原生质体在同一细胞内相互融合;第二个阶段是核配,由质配所带入同一细胞内的两个细胞核相互融合成双倍染色体的合子;第三个阶段是减数分裂,双倍染色体的合子通过减数分裂,使染色体减半,又分裂成单倍的性细胞,染色体恢复到亲本的原有数目。食用菌通过有性繁殖,可产生各种能够萌发的有性孢子,如羊肚菌的子囊孢子。较常用的孢子分离育种,即属于有性繁殖范畴的母种分离方法。

食用菌的有性生殖可分为异宗结合和同宗结合两大类。异宗结合实际上是一种自交不孕型,即必须经过雌雄(或 + 、-)性细胞的结合才能生育后代。食用菌的"雌""雄"性细胞在形态上几无差异,而表现在生理特性上,它们或由同一位点上的一对等位基因所控制,或由一两个位点上的两对等位基因所控制。同宗结合在食用菌中并不多见,是一种较少的有性生殖方式,其由单独一个孢子萌发出来的菌丝,不经过配对就有产生子实体的能力,是自交可孕型。在同核菌丝体之内或之间会发生菌丝融合,但菌丝融合对于结实型菌丝的发育来说是不必要的,不会影响子实体的发生。

第三节　羊肚菌

羊肚菌隶属植物界真菌门子囊菌亚门盘菌纲盘菌目羊肚菌科羊肚菌属羊肚菌种,因其菌盖有不规则的凹陷且多有褶皱,外形状如羊肚而得名。羊肚菌在世界范围内广泛分布,我国主要分布于云南、四川、甘肃、新疆、陕西、河北、辽宁、山东等地,主要生长在湿润、稀疏的林地草丛中,属典型的低温真菌,为异养型、土生草腐菌。

羊肚菌为名贵食用菌,位居世界四大野生名菌之首,素有菌王之称,古时就已收录在李时珍的《本草纲目》中,有"甘寒无毒,益肠胃,化痰利气"的记载。羊肚菌由菌盖和菌柄组成,菌盖呈不规则长圆形,淡黄褐色;菌柄白色、圆筒状,需在土壤环境中生长发育,如图1-1所示,为野生羊肚菌的实物照片。

图1-1　野生羊肚菌

羊肚菌具有柔嫩的口感、浓浓的香味,既是高档宴席上的珍品,又是食补佳品,民间有"年年吃羊肚、八十照样满山走"的说法。羊肚菌含有丰富的人体必需微量元素和氨基酸,有机锗、硒的含量都较高,钾、磷含量是冬虫夏草的7倍和4倍,锌含量是香菇的4.3倍、猴头菇的4倍。

羊肚菌性平、味甘,具有益肠胃、补肾壮阳、补脑提神、化痰理气的功效,对脾胃虚弱、痰多气短、头晕失眠、阳痿不举都有良好的治疗作用。含有抑制肿瘤、抗菌、抗病毒的活性成分,羊肚菌多糖还有消除面部雀斑、黄斑、色素、美容嫩肤的特殊疗效。

人工栽培品种主要有梯棱羊肚菌、六妹羊肚菌、七妹羊肚菌、高原红羊肚菌等,本书以下章节主要以大面积栽培的梯棱、六妹羊肚菌为主进行介绍。

相比较而言,羊肚菌是所有食用菌栽培中投资最少的品种,也是所有食用菌品种中用工最少的品种,但同时是所有食用菌中栽培风险最大的品种。近年来,羊肚菌已基本上被驯化成功,栽培技术获得了突破性发展,特别是四川一带的大田栽培,亩❶产量可达300斤❷以上,个别超过了600斤,如图1-2所示。目前,大面积栽培主要分布于四川、云南、重庆、湖北、河南等地,并相继在山西、陕西、湖南、江苏、河北、山东、新疆等地发展。

图1-2　大田栽培羊肚菌

羊肚菌栽培技术已逐渐走向成熟,但其遗传、发育、生理学机

---

❶　1 亩 =1/15 hm^2 ,余同。

❷　1 斤 =0.5 kg,余同。

制诸方面的研究还有待深入,在规模化生产中仍存在着菌种来源不清晰、栽培技术不完全成熟和产量不甚稳定等问题,常可造成较大的经济损失。

第四节　羊肚菌栽培技术的研究

一、羊肚菌人工栽培发展历程

羊肚菌人工栽培技术,不论是室外栽培还是室内栽培,到20世纪末一直是个未被攻克的技术难题。1980年,美国旧金山州立大学一位地衣学专业的在读博士生 Donald Ower,利用业余时间在学校的人工气候室内成功培育出羊肚菌子实体,其培育过程可以完全重复。这是羊肚菌人工栽培史上的一项重大成果,此成果宣告羊肚菌人工栽培的多年难题自此被攻克,对此后整个羊肚菌人工栽培技术的发展产生了深远的影响。Donald Ower 卓越的原创性工作所形成的羊肚菌栽培专利,精确地揭示了羊肚菌人工栽培各个环节所需要的温湿度及通气要素,同时提出了刺激羊肚菌从营养生长向繁殖生长转化的技术方法,创造性地采用菌核培育出了羊肚菌。其后,该专利先后被美国多个公司采用,进行羊肚菌商业化专利栽培,年产鲜品羊肚菌约为100 t。这个专利在美国生产上运行了10多年,后因栽培工艺的机械化、自动化程度不高,生产效率低下、品种退化等原因,已于2008年完全停止生产。这在某种程度上说明,该专利羊肚菌室内工厂化栽培技术还有待完善和成熟。

我国从20世纪80年代开始,先后有23家科研教学单位涉足羊肚菌的人工栽培驯化研究,时有报道羊肚菌人工栽培形成子实体的案例,但栽培技术不但可重复性差,也不具有大田栽培所需的产量及稳定性要求。

　　1994年,曾有单位获得中国首例羊肚菌大田栽培的发明专利,而后的生产实践表明,该专利并未能解决羊肚菌人工栽培所面临的稳定性和高产性问题。同年,有关科研人员从国外引进相关专利菌株,进行了近两年的栽培试验,后因技术失误而告终。在此之后的多年时间里,相关单位科研人员继续进行着羊肚菌室外人工栽培探索,均未能形成羊肚菌子实体或成功的大田栽培成果。直到2000年,国内有关科研单位首次利用外源营养添加技术在花钵中栽培出羊肚菌子实体。在所设计的10多个花钵羊肚菌栽培处理方案中,唯独采用了外营养添加的花钵生长出1枚完整的羊肚菌子实体。这看似偶然获得的一枚羊肚菌子实体,实际上成为羊肚菌大田栽培技术取得突破的一个转折点。

　　此后,有关科技人员先后在设施大棚、大田等不同栽培环境下,验证了采用外营养添加方法可以显著提高羊肚菌室外人工栽培的可重复性。2005～2006年,在四川双流县首次采用外营养添加技术栽培羊肚菌50亩,取得良好的大田效果,从此逐渐被大家普遍采用。

　　随着更多食用菌专业科研单位相继采用羊肚菌外营养添加技术,近几年羊肚菌室外人工栽培技术得到了快速推广。羊肚菌大田栽培、设施化栽培、林地栽培等多种栽培模式应运而生,羊肚菌外营养添加技术结合选用合适的菌株,为羊肚菌大田栽培获得突破性进展发挥了重要作用。

　　2014～2015年,全国以外营养添加技术为本质特征的栽培面积为8 000余亩;到2015～2019年逐渐增加到10万亩左右。近几年来,羊肚菌新菌株的应用更加速了该项技术的推广进程。

二、羊肚菌栽培技术取得的主要成果

　　(1)以外源营养为关键举措的稳产、高产栽培技术获得巨大成功,是羊肚菌人工栽培技术研究上的一项突破。近年来,人们对该项技术的认识更加深入,运用能力更加成熟,使用方法亦更加优化。

生产实践表明,外源营养包通过菌丝体输送养分的有效距离约为 20 cm。因而,营养包的用料配方、摆放方法、摆放数量,应在充分考虑此传送距离的情况下进行设计。近年来,以小麦为主料的营养包技术正向着小袋、大密度发展,比如每袋干料质量为 300 ~ 500 g、每亩 2 400 包或更多。

依据近几年的大量生产实践,经粗略估算,对以小麦为主料的营养包配方,羊肚菌栽培的生物学效率为 15% ~ 50%,表明羊肚菌的营养转化能力较弱,且对碳源、氮源以及矿质养分的需求比一般食用菌要高。

(2)通过大田优良菌株的选育,涌现出多个生物学性状优秀的栽培菌株,主要是梯棱羊肚菌、六妹羊肚菌或七妹羊肚菌,在大田栽培中均能获得较好的稳定性和高产性。其他的品种栽培量很少,产量不高或不出菇,引进菌种时应十分注意。

(3)羊肚菌的栽培工艺、栽培方法、栽培技术渐趋成熟,已基本上成为人类驯化成功的一个菌种。近年来,大田栽培羊肚菌鲜品产量每亩达数百斤已很常见,高者达 800 斤以上。

(4)通过大量的生产实践,总结出了以棚顶通风、浇大水、高温催菇等为主要手段,较为完善且行之有效的催菇技术。

(5)羊肚菌大田或简易设施栽培,基本上属于仿生态类栽培方法。羊肚菌生性娇贵,在生长发育过程中对环境因素要求较为苛刻,易受自然天气变化、病虫害、栽培场地等因素的影响,因而具有较高的种植风险,应引起充分注意。在菌种生产过程中要精细操作,在播种后的发菌期要简化管理,在原基形成和幼菇生长发育期要精准管理,还应避免一切不必要的过度管理。

(6)原基分化及幼菇成长阶段的管理,是关系到羊肚菌种植成败的关键环节,增地温、保湿度、少通风(或不通风)为主要的管理措施。在覆盖地膜的情况下,应在大多数幼菇长高到约 3 cm 时,再掀掉地膜适当通风,以提高原基分化成菇和幼菇成活率。

(7)白斑病是羊肚菌种植中的主要病害,尤其重茬地更易产生这类病害。各地区的多年种植经验表明,采用播种之前撒播生石灰的措施进行消毒灭菌,对于降低病害、减轻虫害成效非常明显。生茬地一般每亩用量 200 斤以上,重茬地每亩用量 400 ~ 600 斤或以上。

(8)在确定羊肚菌栽培场地之前,应进行充分调查。在近期 2 ~ 3 年之内曾使用过除草剂的地块,严禁选作羊肚菌栽培场地。不然,将会造成非常严重的减产或绝产后果。

(9)羊肚菌栽培要顺应天时,切合地利,依据当地的气候环境条件和特点,结合羊肚菌自身的生长发育规律,科学合理地确定播种时间和催菇时机,以尽可能地降低出菇阶段气候剧烈变动造成的伤害。如果催菇时间过早,原基与幼菇极易受到寒潮的伤害而死亡,如图 1-3 所示;如果催菇时间过晚,则后期子囊果的生长发育又易受到高温伤害,酿成较大的种植风险,如图 1-4 所示。

图1-3 受寒潮死亡的羊肚菌

应当看到,因天气、病虫害等因素造成收获不同程度的受损,在林果、蔬菜、谷物种植中也不鲜见,并不是羊肚菌栽培独有的现

图1-4　受高温死亡的羊肚菌

象,应科学、客观、合理地面对此类现象,探寻切实有效的应对之策和解决办法。

三、羊肚菌栽培技术的发展方向

近年来,羊肚菌人工栽培技术日渐成熟,栽培工艺不断简化,产量渐趋稳定,是非常有发展前景的一个珍贵食用菌品种。羊肚菌栽培不限地域,栽培原料资源丰富,栽培技术相对易学好懂,用工少、成本低,生产设施可简可繁,生产规模可大可小,既可以在平原地区进行设施化栽培,也可以在丘岭山区进行大棚栽培或仿野生化栽培;既可以作为现代高效农业的重点产业,也可以作为山区广大农民群众脱贫致富的重要途径,经济效益、生态效益和社会效益均十分显著。

目前,羊肚菌的产业开发还仅处于大田化生产阶段,对其衍生出来的食品、药品和保健品的开发还较少见,仍停留在产业发展的上游阶段,正处于成长期。随着经济的快速发展,市场需求的不断

增长,对于这样一个成长型产业,显然具有广阔的发展前景。羊肚菌栽培技术的发展方向,主要或将有以下几个方面:

(1)目前,在羊肚菌的栽培生产中,因菌种生产的无序性、菌种质量评价的随意性以及不同地区菌种的适应性等因素,造成的低产或出菇良莠不齐的状况时常发生。因而,适应不同地区、不同环境条件、遗传性稳定的优良菌株的选育工作亟待加强;菌种生产的规范化、专业化、区域化应是羊肚菌栽培的一个发展方向。

(2)羊肚菌的栽培设施,大都采用现有的蔬菜大棚模式,并不符合羊肚菌栽培自身的管理需求,应依据羊肚菌生长发育特点进行改进,以及进行专业设计。

大棚设计应在栽培区南侧设置空气预加热区,预加热区跨度约2 m,两个区采用塑料布进行分隔。冷空气经加热区预热后再进入栽培区,可有效缓解通风与保温之间的矛盾。此种大棚模式,在北方地区以保温大棚方式栽培羊肚菌时,尤显必要。

(3)羊肚菌大田或简易设施栽培受外界气候变化的影响很大,室内周年规模化栽培技术仍是羊肚菌人工栽培中需要攻克的技术重点与难点。只有解决了羊肚菌室内周年化栽培技术,才可能为市场供给品质和数量都有保证的羊肚菌产品。因此,未来羊肚菌室内栽培技术必定成为研究之热点,有望在不久的将来会在我国获得突破。

(4)以优质高效、降低种植风险为目标,深入研究林下羊肚菌生态栽培技术,更加注重品质、品味的提升。应以广种薄收、降低投入、优质栽培的思路,探索切实可行的林下羊肚菌栽培模式和技术。林地是一个天然大氧吧,充足的氧气、湿润度以及荫凉为羊肚菌提供了良好的生长环境,使菌丝体与子囊果完全在大自然中自由地生长,是真正意义上的绿色食品、有机食品、优质食品。

(5)近年来,国内亦有人提出采用"菌砖"的模式和技术进行羊肚菌栽培。菌砖,即在一定尺寸的物理空间限制内,在适宜的环境条件下,培养形成的"菌核+菌网+基质"的菌种模块,基质一般为小麦和黄豆粉,其最大特征是发育有数量巨大的羊肚菌菌核。该菌种模块可独自出菇,也可移植到大田之中栽培出菇。据说亩产量可达数千斤乃至近万斤,期待该种栽培模式和技术的试验能够取得更大进展。

(6)要坚持绿色发展,生态种植的理念,对病虫害应以预防为主。栽培场地应在条件许可的情形下,尽量采用年间轮作、水旱轮作、休耕的种植模式,从而减少病虫危害。应加强试验研究,尽可能多地采用物理农业的方法,如紫外线照射灭菌、臭氧灭菌杀虫、黑光灯诱杀和粘虫板等手段,来避免或降低病虫危害。

第二章　羊肚菌栽培基础

第一节　羊肚菌的基本形态

　　羊肚菌的子实体即子囊果,以单生或群生居多,少见丛生。肉质稍脆,一般高 6.0~20 cm。菌盖近圆锥形至卵形、长三角形,顶端尖或钝圆,高 3.0~15 cm、宽 2.0~9.0 cm。具有 12~20 条竖直方向的主脊,以及大量交错的横脊,呈现出梯子一样的阶梯状,表面有许多小凹坑或陷坑、网格,外观似羊肚,故名羊肚菌。

　　菌柄与菌盖连结处有 2~5 mm 深、2~5 mm 宽的凹陷;脊光滑或具轻微茸毛,幼嫩时苍白色至深灰色,随着成熟逐渐变为深灰棕色至近乎黑色。幼嫩时脊整体上钝圆状,成熟后变得锐利或侵蚀状;凹坑在各个发育阶段上呈竖直方向延展,光滑或具轻微茸毛,老熟后呈开裂状,从幼嫩时的灰色至深灰色随着成熟逐渐变为棕灰色、橄榄色或棕黄色。菌柄高 3.0~10.0 cm,宽 2.0~6.0 cm,通常基部呈棒状至近棒状,表面光滑或偶见白色粉状颗粒,基部在成熟过程中逐渐发育有纵向的脊和腔室;菌柄白色至浅棕色,菌肉白色至水浸状棕色,中空、厚 1~3 mm;不育的内层表面白色,具茸毛。子囊孢子约为 20 μm×11 μm,椭圆形,光滑、同质;子囊约为 210 μm×20 μm,圆柱形,顶端钝圆、无色;侧丝约为 200 μm×11 μm,圆柱形至近棒状,有隔;不育脊上的刚毛约为 210 μm×22 μm,有隔,顶端细胞圆柱形,具圆形顶部。

　　根据菌盖与菌柄是否分离、菌盖边缘是否明显向外伸展、菌盖形状和颜色、表面棱纹排列和凹坑深浅、成熟时的子实层和菌柄变红与否等特征,可将羊肚菌属分为黑色羊肚菌、黄色羊肚菌和变红羊肚菌三个类群。据有关报道,经多基因系统发育分析表明,全球羊肚菌可以划归 61 个种,中国约有 30 个种,包括 17 种黄色羊肚菌和 13 种黑色羊肚菌。

第二节　羊肚菌的生长发育过程

一、菌丝体与菌落

羊肚菌菌丝粗壮,肉眼可见单根菌丝及其分枝。在 PDA 培养基上,菌落初期为白色或淡白色,后变黄色或棕色、灰褐色,容易形成黄或棕黄色、黄棕色大小不等的菌核。菌丝体分为气生菌丝、培养基表面菌丝和基内菌丝。气生菌丝均匀、稀疏,具有明显的爬壁性。在培养基内常常分泌浅褐色色素,使培养基变色,老后全部变成黑褐色。菌丝体生长速度快,一般日长速为 1.5 ~ 2 cm,3 ~ 4 天可长满试管斜面。在某些培养基上呈淡粉红色、棕色,在纯培养条件下,尖端菌丝也可以形成无性分生孢子。生长在培养基表面的菌丝,主干菌丝明显,挺直,白色或黄色,生长快速,直角分枝,有隔,菌丝常有桥连和融合现象;培养基内部的基内菌丝无主干,呈棒状,间隔短,分枝密集、多而短。培养基中的菌丝见图 2-1。

在显微镜下观察,主干菌丝白色、透明、光滑,直径 10 ~ 22.5 μm,均匀,竹节状,有分隔,隔膜明显加厚,细胞长 20 ~ 150 μm。隔膜上有一个近圆形中央孔,直径 0.4 ~ 0.6 μm,细胞质和细胞核可以在细胞间自由交换和流动,因此其菌丝应该都是多核的,没有单核或双核菌丝。菌丝有发达的分枝,初级分枝一般呈直角;气生菌丝的顶端分枝逐渐变细,直径 2 ~ 15 μm;最顶端的气生菌丝不丰满,常为空菌丝,表明容易老化或退化。培养后期的气生菌丝容易老化,特征是细胞变短,空瘪,不坚挺,最后自溶。菌丝可分为短

图2-1　培养基中的菌丝

节茸毛状和颗粒状两种类型。菌丝间由菌丝桥融合联结,融合率很高,每100 μm达3～4个菌丝桥,菌丝交织呈网络状,从而构成一个复合的立体网络。

需要说明的是,不同品种的羊肚菌菌株具有不同的培养特征,包括生长速度、生长习性、菌核发育、菌丝和菌核的颜色等都有明显的差异。即使是羊肚菌的同一菌株在不同的培养基中的培养特征也不完全一致。

二、分生孢子

一般情况下,羊肚菌在播种后约3天,具体时间视品种和生长发育环境条件而定,菌丝会穿出土壤表面,形成白色菌丝层,手拍土面,会有大量雾状孢子云出现,孢子云就是羊肚菌的分生孢子,称为"菌霜",如图2-2所示。

在培养皿和试管中进行纯培养,各种羊肚菌的菌丝在稍老化后,都可以观察到菌丝顶端可以产生分生孢子梗和分生孢子。羊

图2-2　无性分生孢子层"菌霜"

肚菌的分生孢子梗从主干菌丝、气生菌丝上直接生出,有一、二级分枝,然后产生轮枝状小梗,从小梗顶端产生分生孢子。在小梗的顶端吐出分生孢子,分生孢子堆积在小梗的顶端空间。羊肚菌的分生孢子无色、球形、近球形,光滑,薄壁,单核,大小为4~8 μm。产生分生孢子的过程会持续20余天或更久长。

　　羊肚菌播种后在土壤中萌发,如条件合适3~5天菌丝就会大量长到土壤表面,在土壤表面的这些菌丝会形成大量分生孢子。在形成分生孢子的过程中,菌丝中的细胞既没有质配又没有核配,菌丝中的细胞核没有进行减数分裂,也就是说,羊肚菌分生孢子的形成不是一个有性过程,完全是一个无性过程。因而,羊肚菌的分生孢子是无性孢子,和真正意义上羊肚菌子囊孢子完全是两个东西。

　　生产实践表明,产量高的羊肚菌大田一定是分生孢子多;而分生孢子多,却并不一定产量会高。现在生产上一般认为,对于能够形成分生孢子的菌株,如果分生孢子形成太多,会消耗过多营养,反而不利于提高产量。因而,在生产上往往采取一定措施,如覆盖黑地膜,人为抑制分生孢子过多的形成。

总而言之,实践表明羊肚菌分生孢子的正常形成,总的来说是件好事而不是坏事,其充分表明土壤中的菌丝处于一个良好的生长状态。如果播种后未有或很少发生分生孢子,大多是栽培品种存在着一定问题;在这种状况下,后期很难形成较多的子实体。

三、菌核

菌核是由菌丝聚集和黏附而形成的一种生物组织体,又是营养物质的储藏体,也可理解为一种静态的菌索,都类属于菌丝的特殊营养体。菌核的结构可分为两层,即皮层和菌髓。皮层由紧密交错的具有光泽而又有厚壁的菌丝细胞组成的;菌髓是由菌丝交错密织组成的,菌核萌发所产生的菌丝体都起源于菌髓。

羊肚菌菌核没有组织层次上的差异分化,是由大量菌丝膨大扭结而成的致密菌丝体。羊肚菌膨大的球形细胞既可以在菌丝顶端着生,也可以在菌丝中间形成,呈串珠状,菌丝相互交织紧密扭结形成菌核。羊肚菌的菌核呈斑点状或块状、不规则形,白色,渐变为黄白色、黄褐色,老熟后变为深褐色、黑褐色,大小为 1~2 mm 或 3~5 mm,有时形成超过 35 mm 的巨大菌核。菌核细胞内可储存大量油滴状的脂类物质,既具有储存营养的功能,又具有抵御不良外部环境的作用,例如低温和干旱等不良环境因素。

菌核的形成是生物长期进化的一种结果,是羊肚菌生活史中的一个重要特征,在羊肚菌的生长发育过程中扮演着十分重要的角色。可以认为,在羊肚菌前期的菌丝体营养生长阶段,通过菌核储存了大量的营养物质,从而为后期的原基形成以及子囊果生长发育储备了充足的养分,起着营养中转站与营养池的重要作用。

一般认为,菌核的产生是生物体对不良环境的适应,也是羊肚菌子实体产生前的一个重要阶段现象。在适宜的条件下,菌种会在土壤中生成大量尚未质配的新生菌丝。当外界条件改变、不适宜菌丝进一步营养生长时,如温度过低、水分不足等,这些初生菌丝则会直接形成菌核。菌核能够越冬并且在春天条件适宜时萌发,形成可能产生子实体的菌丝;若无适宜的条件,即没有合适的环境或营养条件,则菌核不能够萌发,形成新的初生菌丝,将再次进行营养生长。

　　在羊肚菌的母种、原种、栽培种、土壤中以及营养袋下面,都很容易形成明显的菌核,不同品种的羊肚菌形成菌核的能力不一样,如图 2-3、图 2-4 所示。

图 2-3　羊肚菌栽培种形成的大量菌核

　　有关羊肚菌大田栽培观察表明,菌核的形成与分生孢子存在着一定的关联。地表分生孢子萌发得越多,菌丝扭结形成菌核的数量也越多。由此可推断,分生孢子的产生与羊肚菌原基形成的数量也应有着较密切的关联性。

图2-4　营养包下的菌核发育情形

四、子囊果和子囊孢子

(一)子囊果

当冬天的寒季过去之后,土壤温度回升至5~8 ℃时,土层内部的菌丝开始出现菌丝扭结。菌丝扭结1~2天后,在扭结的菌丝团中间向上开始形成原基。原基豆芽状或棒状,白色、基部茸毛状,高0.2~0.6 cm,直径2~3 mm。原基形成后2~3天,原基生长发育至高0.5~1.0 cm,顶部开始有明显的形态变化,上部脊开始出现,呈浅灰色,开始有菌盖的初始形状,下部逐渐变粗,菌柄形成,长速因环境条件而异,每天约1.0 mm,可持续1~2周。

羊肚菌形成原基的能力较强,每平方厘米的密度为1~10个。一般情况下,原基数量多,产量就高;原基数量少,产量就低。原基形成的时间越早,成熟的可能性越大;出菇时间越长,产量越高。在土壤表层形成的子实体,易于长为成熟的子实体;在土壤表面形成的子实体,易于受环境因素的干扰,成活率较低。

幼嫩子囊果的形成需2~5天时间,此阶段子囊果形态开始逐渐成形,通常 2~3 天即可达到最终子囊果大小的 2/3。子囊果菌盖部分颜色由浅灰色渐变为深灰色或灰褐色,脊逐渐隆起加厚,呈钝圆状,凹坑开始出现,但不明显,脊上略有毛刺或光滑。菌柄部分开始膨大,部分菌柄基部有开裂状沟壑。

在菌丝扭结形成原基后 15~25 天,子囊果开始成熟,菌盖表面凹陷部位逐渐变为浅棕色,脊部逐渐变为浅黑色,自上而下与菌柄平行,由弯曲变得平滑且直,脊与脊之间平行排列的横隔也逐渐明显,将凹坑彼此分隔开来,呈梯状。围绕盘状的凹坑内侧,并排生长着大量的子囊,子囊内孕育着子囊孢子。子囊果的假根,有的有、有的没有;菇形较大的菇体,其假根也会较大。

(二)子囊孢子

子囊果表面排列着多个子囊盘结构,成熟子囊孢子可以从子囊盘释放到空气中进行传播,经萌发形成初生菌丝。

子囊孢子椭圆形、卵圆形,无色,光滑,壁薄。孢子细胞先为单核,细胞核分裂很快,吸水膨大的孢子常常为多核,每个孢子有 20~60 个核,含有大量的小油滴。羊肚菌的孢子比多数食用菌的孢子要大很多,长度为 80~90 μm。子囊孢子为单核细胞,但核易发生分裂,形成多核体,所萌发的菌丝亦应是多核体。

有人经过大量的单孢分离培养,发现 100 个以上的单孢分离物都可以形成菌核,菌丝的形态和大小与组织分离的菌丝完全相同,相互之间没有出现任何拮抗现象,所以认为羊肚菌的单核生活循环不存在。

野生菌株在子实体非常小的时候(高 1~2 cm),就可以形成成熟的孢子。栽培菌株形成孢子的时间比较晚,自然生长到子实体倾斜或倒伏状态才会形成孢子,这时子囊内除了孢子基本上呈透明状态,已没有其他细胞器或大分子的存在。在采集栽培菌株做孢子分离时,一定要完全成熟的子实体才能够成功弹射孢子。孢子的弹射条件为温度 20~25 ℃,通风,有光或黑暗。孢子萌发温度一般为 15~25 ℃,萌发率随时间延长逐渐下降,自然温度下保存 12 个月,孢子萌发率由开始的 90% 以上可降为 10% 以下。

　　羊肚菌经单孢分离、多孢分离和组织分离得到的菌丝体,均能完成完整的生活史循环。成熟的子囊果发育产生大量的子囊孢子,开始下一个生活史循环,如图 2-5 所示,虚线为可能发生的情形。

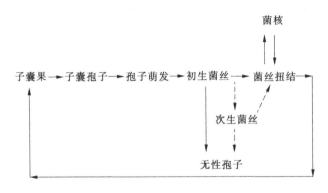

图 2-5　羊肚菌生活史

第三节　羊肚菌的生长发育条件

一、营养条件

　　羊肚菌属腐生型真菌,所需要的营养物质包括碳源、氮源、矿质元素和维生素等。羊肚菌菌丝体可以直接吸收利用葡萄糖、乳糖、半乳糖等简单糖类成分作为碳源;通过胞外酶促作用,可以利用小麦、玉米粉、麦麸、稻壳、玉米芯、蛋白胨等作为氮源、碳源以及所需的矿质等养分;还可以利用尿素等无机氮源,在尿素使用浓度不大于 0.25%,比如 0.1%~0.2%,菌丝长势最好。在培养料中添加磷酸二氢钾、石膏等矿质营养,能够促进菌丝生长。

在食用菌的栽培生产中,碳、氮源的质和量直接影响着食用菌的生长和发育。同时,食用菌与其他微生物一样,它的生长发育过程要求培养料具有适宜的碳源与氮源的比例,即碳氮比 C/N。一般情况下,在菌丝生长阶段,C/N 以 20:1 较为适宜;在子实体发育阶段,C/N 以 30:1～40:1 较为适宜。棉籽壳的 C/N 接近 20:1,所以曾被广泛选作食用菌培养的主原料。

羊肚菌在多种真菌培养基上都能生长发育,其菌丝长速差异不显著,但菌丝的长势却存在着十分显著的差异。曾有研究成果认为,最佳碳源是马铃薯和麦芽汁,其次是果糖、葡萄糖、蔗糖,可溶性淀粉最差。最佳氮源为蛋白胨,天门冬酰胺和天冬素次之,硝酸钠、酒石酸铵较差,草酸铵则完全抑制菌丝的生长。木屑、苹果提取汁对羊肚菌的菌丝生长有激活作用。酵母汁对其生长呈抑制作用,且无菌核出现。蔗糖、氯化钙对菌核的形成有促进作用。

二、环境条件

(一)温度

羊肚菌属典型的低温型真菌。菌丝的生长温度在 0～28 ℃,适宜生长温度 10～18 ℃,较低的发菌温度,更有利于菌丝健壮。低于 0 ℃停止生长,可耐 -30 ℃极限低温;高于 28 ℃停止生长或死亡。

子囊果生长温度 5～25 ℃,适宜温度为 10～20 ℃,地温超过 20 ℃或环境温度超过 25 ℃,则会无新的原基形成。孢子萌发温度在 15～25 ℃;孢子的弹射条件为温度 20～25 ℃,通风、有光或黑暗。

环境温度低于 20 ℃是适宜的田间播种温度。适当推迟播种时间,如当环境温度低于 15 ℃后播种,更有利于降低病虫危害。

(二)水分与空气湿度

羊肚菌属喜湿型真菌,从播种到收获基本上都需要一直保持土壤表层处于一个湿润的状态。

在菌丝营养生长阶段,对土壤的含水量要求不很严格,相对含水量为 50% ~70% 都能生长,但以 60% 左右较为适宜。土壤相对含水量低于 50% ,菌丝生长纤细、微弱;土壤相对含水量高于70% ,菌丝将会停止生长。

在原基形成和子囊果发育阶段,土壤相对含水量应在 60% ~65% 区间,当土壤干燥时应及时进行补水,以保持适宜的土壤含水量。

出菇期间空气相对湿度为 80% ~95% ,有利于子囊果的生长发育。

(三)光线

羊肚菌菌丝营养生长阶段不需要光线,强光对菌丝生长具有抑制作用。菌丝生长期,通常使用透光率 10% 以下的遮阳网进行避光。微弱的散射光有助于原基形成和子囊果的生长发育。在子囊果生长发育过程之中,应避免强光直射。强光易对子囊果造成灼伤,导致形成畸形菇。

虽然菌丝生长不需要光线,但对子实体的生长发育是一个不可忽视的重要因素。光线能提高菌丝细胞的分裂活性,分枝旺盛,膨涨、厚壁化、胶质化等,各种变化综合的结果,将导致菌丝组织的形成,即子实体原基的出现。由此可见,在一定的条件之下,散射光也可作为催菇的一种手段。

(四)酸碱度

酸碱度 pH 在 6.5 ~8.5 的中性或偏碱性土壤有利于羊肚菌的菌丝生长。羊肚菌对土质的要求不高,在一般性的壤土、沙壤土、轻腐殖土、黑黄色壤土或沙质混合土中,都能正常生长发育。酸碱度 pH 的过高或过低,都将使菌丝体胞外酶的活力降低,导致新陈代谢减缓,甚至停止。

一般来说,草腐类食用菌喜欢在偏碱性的基质中生长,木腐性食用菌适于在偏酸性的环境中生长。

（五）空气

羊肚菌属于好气性真菌。羊肚菌在菌丝营养生长阶段，对空气不甚敏感；在子实体生长发育阶段，对空气则较为敏感。

所有食用菌都是好氧性的异养型真菌，需要氧气来进行呼吸作用。羊肚菌在整个生长发育过程之中，需要通过呼吸，消耗大量的氧气，释放出二氧化碳。在羊肚菌菌丝体的细胞内，营养物质的吸收和运输、细胞内的物质合成、细胞伸长和分裂、子实体形成和发育等，都需要能量；呼吸作用就是将细胞内的有机物质转变为能量的过程，也就是对底物的生物氧化过程。任何活细胞都在不停地呼吸，呼吸停止则意味着死亡。

羊肚菌的菌丝生长可以耐受较高的二氧化碳浓度，但较低的二氧化碳浓度，比如 400 ~ 600 ppm，有助于子囊果的快速发育；高浓度的二氧化碳常造成子囊果畸形、菌柄加长、菌盖变小。因此，在生长发育过程中，需要注意通风换气，以保持足够的氧气含量。在子囊果的发育过程之中，更需注重加强通风，以保持棚内空气新鲜。

第四节　羊肚菌生长发育阶段划分

一、发菌期

羊肚菌菌种易于萌发，菌丝生长速度较快，一般播种 3 ~ 7 天后，就可在土壤表面见到分生孢子，7 ~ 10 天后会产生大量的分生孢子层，谓之"菌霜"，这一阶段可称为发菌期。在正常环境条件下，发菌期一般不需要过多管理工作。

二、养菌期

从摆放营养包到菌丝体分化形成原基之前这个阶段,可称为养菌期。这个阶段的一项重要作业,是及时摆放外源营养包。

在整个养菌期,是菌丝体不断生长,菌核大量形成,养分逐步积累的一个过程。摆放营养包、增加地温、浇出菇水等,是为出菇做好基础水分、基础温度以及营养准备的一个重要阶段。

三、出菇期

自菌丝体分化形成原基到幼菇发育,再一直到羊肚菌成熟,可称为出菇期。子实体出土后,一般 7～15 天就可以生长成熟。

在出菇期的初始阶段,是羊肚菌栽培管理的一个关键环节。此时,原基以及幼菇极易于受到不良外界因素的伤害,增温、保湿、少通风或不通风是重要的管理方法。

四、生长期

从羊肚菌播种开始,一直到整个采菇期结束,可称为羊肚菌的生长期。羊肚菌播种后,正常环境条件下,3～4 个月就可以出头潮菇,整个生长期可出 2～3 潮菇,出菇期前后可持续约 2 个月。

第三章　羊肚菌菌种生产技术

第一节　菌种分离方法

　　羊肚菌的菌种有组织分离法、土中菌丝分离法和孢子分离法三种分离方法，组织分离法是羊肚菌最为常用的分离方法。

一、组织分离法

　　组织分离法是指在食用菌子实体上切取一小块组织，使其在培养基上萌发而获得纯菌丝体的方法，属于无性繁殖，简单易行。羊肚菌的子囊果实际上是菌丝体的特殊结构、组织化的菌丝团，具有很强的再生能力，只要切去一小块移到合适的培养基上，便可生长成为营养菌丝，从而获得纯菌种。用组织分离法培养出来的营养菌丝的两个核并不融合，即双亲的染色体没有发生重组，因此它们都能出菇。无论是菇蕾，还是成熟的菇体，只要菇肉新鲜，菌丝细胞具有生命力都能分离出菇种。

　　（1）种菇选择：一般在出菇较早且整齐、外观较理想、无病虫害、产量高的栽培地块上，选择个体肥大、菌盖肉厚、七八成熟度的子囊果。

　　（2）分离部位：从理论上讲，菇体的任何一部分都可以作为组织分离的原基，但由于各部分的细胞性质存在差异，分离出来的菌种活力也就有所不同。因而，采用肉质较厚实、菌盖与菌柄交接处的组织进行分离，菌丝生长发育得会更好一些。

　　（3）分离方法：按无菌操作方式，在酒精灯火焰形成的无菌区

(灯焰周围10 cm内),将子囊果纵向撕开或剖开,用无菌的刀片或小镊子在菌盖与菌柄连接处或菌盖中心部位取绿豆大小的菌肉组织,迅速转移至斜面培养基上,塞上透气栓塞或棉塞即完成了菌种分离。

组织分离是最为常用的菌种分离方法,操作简单,菌丝不易变异,出菇机会多,较为适于设备条件较为简易的广大菇农采用。

二、土中菌丝分离法

利用土层中羊肚菌的菌丝体,也能分离获得纯菌种。具体方法为:取菇体与菇根相连的粗壮菌丝束,用清水将附着的泥土轻轻地冲洗干净,再用无菌水反复轻轻冲洗,并用无菌纱布吸干水分,然后取菌丝束的尖端部分,接入含细菌抑制剂的PDA(40 mg/L的青霉素或链霉素)培养基上,于适宜温度培养,若未发现污染,经出菇试验后即可确认为是纯菌种。

三、孢子分离法

孢子是食用菌的基本繁殖单位。所谓孢子分离法,是利用成熟子实体产生的有性孢子,如羊肚菌的子囊孢子,能自动从子囊果弹射出来的特性,在无菌条件下收集食用菌的孢子,在适当的培养基上使孢子萌发成菌丝,获得纯菌丝体的一种方法。所谓有性孢子,是指细胞已经过核配过程和减数分裂而产生的孢子,为子囊孢子。有性孢子含有双亲的遗传物质,具有双亲的遗传性。孢子具有生命力强、数量多、变异率高、范围广的特点,因而采用孢子分离法,从中选择优良菌株的机会更多。但是,孢子分离法过程较烦琐,工作量大,所需时间长,必须通过出菇试验以后才能在生产上使用。孢子分离法又分为单孢分离法和多孢分离法。

(一)孢子的采集

选择出菇早、性状典型、生长健壮的羊肚菌优良个体作为种

菇,最好是第一或第二潮菇,且完全成熟的子囊果。用无菌水清洗
菇体表面,晾干,切去多余菌柄,仅留下 1.5～2.0 cm 作为分离样
品。事实上,也可以选择干品羊肚菌进行孢子分离。

孢子采集可采用三角瓶钩悬法,采集器主要由三角瓶、金属挂
钩(悬挂种菇)、棉塞等组成,三角瓶底部放入固体母种培养基或
空瓶均可,如图 3-1 所示。

铁钩

无菌三角瓶

自然弹射的孢子

培养基

图 3-1　羊肚菌子囊孢子采集方法

用 75% 的酒精棉球对种菇进行表面消毒,再用无菌水冲洗 3
次、无菌纱布吸干表面水分。在无菌的条件下,取经火焰消毒后的
金属挂钩,一头钩住子囊果菌柄,另一头钩在瓶口上,瓶口加棉塞。
此后,将孢子采集器置于适宜温度下,羊肚菌孢子弹射的温度为
20～25 ℃,有风可促进孢子弹射,经 1～2 天后,待看见瓶底有一
层孢子层时,即可在无菌的条件下,取出种菇和金属钩。如果三角
瓶内有固体培养基,可直接适温培养,待孢子萌发在培养基表面形
成小菌落时,再挑取无污染、长势良好的菌落,连同培养基一起,移
到斜面试管培养基中继续培养。如果三角瓶内没有培养基,可直
接收集孢子进行斜面培养。如果需要长期保存,可把盛有子囊孢
子的三角瓶放入冰箱内冷藏。

(二)多孢分离法

多孢分离法是将许多个孢子接种在同一斜面培养基上,使其萌发,自由交配获得纯菌种的方法。此法操作简单,在食用菌制种中应用较普便,常用的方法是划线法。

在无菌条件下,用接种环在三角瓶底部蘸取少量的孢子,在斜面培养基上自下而上轻轻划线,避免划破培养基表面。划线接种完毕,灼烧试管口,塞上棉塞,置羊肚菌于适宜的温度下培养。待孢子萌发出菌丝,挑选发育匀称、生长快速的菌落,移至到新的试管斜面上继续培养,即可得到纯菌种,再经出菇试验后即可作为母种扩大繁殖。

(三)单孢分离法

单孢分离法是在采集到大量孢子的基础之上,经过稀释,使孢子之间互相分开,各个孢子单独萌发出菌丝,从而获得纯菌种。单孢分离法在生产上直接应用不多,主要作为研究食用菌生物学特性和遗传育种的一种重要技术手段运用。

第二节　羊肚菌母种生产

一、母种培养基配方

(1)马铃薯葡萄糖琼脂培养基(PDA):马铃薯(去皮切碎)200 g,葡萄糖20 g,琼脂20 g,水1 000 mL,pH自然。

广泛适用于培养、保藏各种食用菌。

(2)马铃薯麦芽糖琼脂培养基(PMA):马铃薯(去皮切碎)300 g,麦芽糖20 g,琼脂20 g,水1 000 mL,pH自然。

广泛适用于培养、保藏各种食用菌。

(3)马铃薯综合培养基:马铃薯(去皮切碎)200 g,磷酸二氢钾3 g,葡萄糖20 g,硫酸镁1.5 g,B族维生素10 mg,琼脂20 g,水

1 000 mL,pH 自然。

广泛适用于培养、保藏各种食用菌。

(4)复壮培养基:马铃薯(去皮切碎)200 g,麸皮100 g,玉米粉50 g,葡萄糖20 g,琼脂20 g,水1 000 mL,pH 自然。

广泛适用于分离培养各种食用菌。

(5)完全培养基:蛋白胨2 g,磷酸氢二钾1 g,磷酸二氢钾0.46 g,葡萄糖20 g,硫酸镁0.5 g,B 族维生素10 mg,琼脂20 g,蒸馏水或纯净水1 000 mL,pH 自然。

该培养基是培养食用菌中较为常用的合成培养基,具有缓冲作用,适用于保藏各类菌种。

二、培养基制作方法

(1)先将马铃薯洗净削皮、挖掉芽点,切成2 mm 薄片。

(2)将马铃薯片和水加入不锈钢锅煮沸15 ~ 20 min(马铃薯熟而不烂)后过滤,取滤液(加开水补足1 000 mm)和琼脂加入锅中,小火加热并不断搅拌防止糊锅。待琼脂完全融化后加入葡萄糖并搅拌均匀。

(3)分装:母种培养基应装入18 ~ 20 cm 长的玻璃试管内,装入量应为试管长度的1/4,粘到管口的培养基须擦干净,然后盖紧硅胶塞。

(4)灭菌:灭菌锅为手提式高压灭菌锅,装锅时要7 支或9 支扎成一把,竖立排放整齐。盖锅盖时,要对角拧紧螺丝。当压力达到0.05 MPa 时,打开排气阀缓慢排净冷气;当压力达到0.12 MPa时,123 ~ 125 ℃保持30 min。灭菌期间须人不离锅,发现异常立即停火检查并消除隐患。

(5)冷却:灭菌结束后自然冷却,压力归零即可打开锅盖。开始摆放试管斜面时,须保证液面顶端距硅胶塞内端大于2 cm,防止液体粘到硅胶塞上。在摆好的试管上覆盖毛巾,防止出现冷凝水。注意,培养基凝固前不要挪动试管。

（6）做好的母种培养基试管斜面,冷却后就可用于接种,如图3-2所示。

图3-2　羊肚菌斜面培养基

三、母种接种方法

羊肚菌母种的接种必须在无菌及20 ℃以下环境中进行。羊肚菌母种的接种通常采用接种箱,接种前先把所用的物品放入接种箱内进行消毒。接种时,先把双手用浓度75%的酒精消毒,再用酒精灯灼烧接种钩,然后开始接种操作,一支母种可转接40~60支试管斜面。接种室每次使用后,要及时清理,排除废气。

接种完毕后贴上标签,注明接种日期和品种名称,放入10~18 ℃环境中或恒温培养箱内避光培养。羊肚菌母种约需7天菌丝可长满试管斜面,15天可长出羊肚菌菌核。

四、母种的保藏

食用菌在适宜的温度范围内,温度越高,菌丝的代谢能力越强,菌种越容易衰老。因而,采用低温保藏降低其代谢强度,延长菌种的生活力,是一种常规、经济、有效的菌种保藏方式。

羊肚菌属低温型真菌,菌丝体具有很强的耐寒能力,极限耐寒能力可达 -30 ℃,在 0 ℃以下则完全停止了生长。因而,羊肚菌母菌斜面培养基可在 -12 ~0 ℃温度进行冷冻保藏。为了防止培养基的水分蒸发和杂菌的感染,应将若干支菌株用塑料袋包装在一起再放入冰箱中。以后每 2 ~3 个月转管 1 次,但也不能转代过多,以免影响其活力。

为了保证保藏的菌种不衰退,一般选用营养较丰富的培养基,如马铃薯琼脂培养基和麦芽汁培养基,最好在培养基中加入 0.2% 的磷酸氢二钾、磷酸二氢钾或碳酸钙作为缓冲剂,以中和菌种在保藏过程中产生的有机酸。

菌种投入生产之前,必须做结实性鉴定试验,通常称为出菇试验,优良品种出菇快、出菇多、出菇齐、菇形好,如图 3-3 所示。

图 3-3　羊肚菌出菇试验(大量原基形成并长出子实体)

第三节　羊肚菌原种与栽培种生产

一、原种或栽培种培养基配方

配方 1:小麦 71%,木屑 20%,麸皮 5%,玉米面 3%,石灰1%。

配方2:小麦61%,玉米芯30%,麸皮5%,玉米面3%,石灰1%。

配方3:小麦61%、棉籽皮35%、玉米面3%、石灰1%。

配方4:小麦80%,谷糠15%,玉米面4%,石膏1%。

配方5:米糠49%,小麦40%,黄豆面10%,石膏1%。

配方6:谷糠60%,小麦35%,黄豆面4%,石膏1%。

二、培养基制作与接种

(一)配料方法

将小麦中的杂质挑出,清洗干净。然后将小麦放在添加1%石灰(pH为8~11)的水里浸泡24~36 h。浸泡时间可根据季节掌握,冬季长一些,夏季短一些,以手指捏无硬核为度。浸泡时常搅动,保证石灰渗透至每个部位。将泡好的小麦捞出放在干净的地面上,控净表面水分后,按配方分别加入其他辅料并搅拌均匀即可。

(二)装瓶或装袋

制作原种时,通常采用耐高温、高压的塑料瓶或玻璃瓶;制作栽培种,通常采用耐高温、高压的聚丙烯塑料袋。将搅拌均匀的菌种培养料装入事前备好的菌种瓶或袋中,菌种瓶盖需透气隔杂菌,尽量使用玻璃瓶以便于观察。瓶内装得培养料不可太密实,粒径不能过小,含水量不可过大,以免严重影响透气性。

(三)灭菌

装好瓶后应当天灭菌,不可过夜。高压灭菌需122 ℃保持90~120 min;常压灭菌需100 ℃保持12 h,停火后焖4~5 h再揭锅。

(四)接种

灭菌后需冷却至18 ℃以下方可进行接种。接种须在无菌环境中进行,其要求同母种试管接种时一样。一支母种可接3瓶原种,一瓶原种可接 40 袋栽培种。注意:原种接栽培种时,原种瓶口一层菌种须剔除不用。

(五)培养

接好的原种或栽培种放在 12～18 ℃环境下培养,放置时瓶与瓶(或袋与袋)之间保持 2 cm 间距,不能紧挨以防过热;测温应在瓶堆中间(或袋内)进行。原种约 20 天可长满,栽培种约 25 天可长满,然后进行下地播种,如图 3-4、图 3-5 所示。

图 3-4　优良的羊肚菌原种

图 3-5　优良的羊肚菌栽培种

在栽培种培养期间,若发现菌丝生长速度越来越慢,可在菌丝面以上 1 ~ 2 cm 处,沿水平面扎 4 个通气孔以促使其下部快速长满菌丝。栽培种长满菌丝应马上使用,在非冷藏条件下切不可过长时间存放。

第四节　液体菌种的生产

液体菌种是将斜面菌种接种于三角瓶或发酵罐内的液体培养基上,通过不断通气振荡或搅拌,培养出来的呈絮状或球状的纯菌丝体。液体菌种生产周期短,菌龄整齐,菌丝繁殖快,便于机械化接种,在工厂化生产中具有明显优势。但液体菌种生产设备投资大、技术要求高,菌种易老化、自溶,不便于运输和保藏,需就地生产、及时使用。

液体菌种的原初菌种,通常是斜面菌种。因此,液体菌种生产的设备应有一般斜面菌种生产所需要的接种箱、培养箱等。通过接种斜面菌种生产出来的液体菌种称为一级菌种。一级菌种通常采用 500 mL 三角瓶培养,需要有培养室、摇床(回旋式或往复式),往复频率一般每分钟 80 ~ 140 次。二级、三级菌种的生产设备因生产量不同而差别很大,可以用三角瓶与摇床,也可以用 50 ~ 100 L 或 500 ~ 1 000 L 的小型发酵罐,如生产量非常大还可配置 2 000 ~ 10 000 L 的大型发酵罐。大型发酵罐配套设施很多,需要水、电配套,还需要配套向发酵罐供无菌过滤空气的净化设备。发酵罐内的温度,则主要通过控制发酵罐夹层中循环水的温度来进行调节,如图 3-6 所示。

在无菌条件下,一般每支斜面母菌可接种 10 个左右三角瓶。发酵罐上端的装料口也是接种口,应利用火焰保护接种法,将三角瓶中的液体菌种快速倒入罐体内,通常接种量为发酵罐液体培养

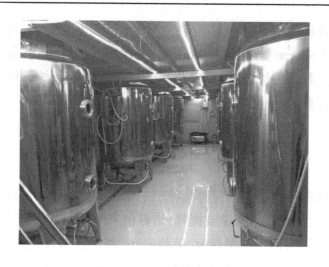

图3-6　液体菌种发酵罐

基体积的10%左右。

　　由于采用液体培养,菌种在发酵液内呈均匀分布,加之发酵条件容易控制,菌丝可以在最佳条件下快速生长发育,菌丝代谢旺盛,一般液体菌种的生产周期从接种到发酵结束,为3~7天,从而大大缩短了制种时间,可以更加及时地供给生产需求。

第五节　菌种的退化与复壮

一、菌种退化

(一)菌种退化的实质

　　菌种退化的实质是遗传物质发生了可遗传的变异。菌种退化是一个从量变到质变的渐变过程,当发生有害变异的个体在群体中显著增多,以至占据优势时才会表现出来。对于群体来说,个别细胞的退化变异会随着细胞的分裂而逐步增加,使衰退的个体逐渐增多,最后导致整个种类群体发生严重的衰退。

虽然菌种退化现象普遍存在,但可以采取适当措施延缓其退化进程,将群体的退化控制在最低限度。尽管个体的变异可能是一个瞬时的过程,但菌种群体的退化却需要很长的时间。因此,在退化的菌种群体之中,往往仍有少数尚未退化的个体,这是菌种复壮的基础。

(二)菌种退化的原因与表现

菌种退化的主要原因是交叉感染、自体杂交、基因突变、培养条件不良等,病毒感染也会引起菌种退化。菌种退化除与其自身的遗传特性和所处的生活环境密切相关外,还受转管次数、机械创伤等其他外在因素的影响。

菌种退化的主要表现是理想的优良性状逐渐丧失,继而出现菌丝生长势弱、代谢能力下降、产量降低、易受病虫害感染等现象。

(三)防止菌种退化的措施

从某种意义上看,菌种退化是一种必然现象,但依然可以采取多种措施防止菌种过快衰退。

1.控制母种转管次数

从理论上讲,菌种可以进行多次转接,但由于在操作中菌丝受机械创伤的影响,易发生突变,而多数突变对菌种是不利的。因此,应尽量减少转管次数。实践表明,生产上用的菌种转接次数,控制在5代范围内较为适宜。

2.经常改变培养基配方

常改变培养基配方,增强菌种对不同培养基质的适应能力,有利于防止菌种退化。

3.采取适宜的方法保藏菌种

保藏菌种时,应将短期、中期和长期保藏方法相结合,根据不同需求选取不同的保藏方法,减少保藏种转接次数,尽量避免菌种在保藏期间出现衰退。

羊肚菌菌丝耐寒力极强,极限耐寒温度可达 - 30 ℃。因此,菌种保藏时可适当降低保藏温度,采用冷冻保藏的方法,更有利于保持菌种活力。

4.创造菌种生长的良好营养条件和外部环境

营养条件包括营养物质的种类、比例和含量,营养不足和过于丰富对菌种生长均不利。外界环境则包括空气、温度、湿度、光线等环境条件。实践证明,条件适宜的情况下,菌种生长健壮、活力强、不易衰退;反之,则菌种活力弱、易于衰退。

二、菌种复壮

自然界生物以遗传变异为基础,通过自然选择得以进化。变异提供了选择的基础,选择保存适应环境的个体,而这些个体又使其优良特性得以遗传。如此再变异、再选择、再遗传,循环往复,使生物得以不断进化。同理,羊肚菌的菌种复壮亦是如此,常用复壮方法如下。

(一)菌丝尖端分离

挑取健壮菌丝体的顶端部分,进行纯化培养,使菌种恢复原有的活力和优良种性,达到复壮的目的。

(二)适当更换培养基

长期使用同一培养基继代培养菌种,可能会使菌种活力逐渐下降。因而,应经常改变培养基配方,适当添加一些维生素、磷酸二氢钾和蛋白胨等物质,可刺激菌丝生长,提高菌种活力。

(三)分离复壮

从栽培的群体之中,找出性状优秀、尚未有衰退表现的个体,通过组织分离获得菌种,进行提纯复壮。采用菌丝体进行菌种复壮时,首先用无菌水将斜面上的菌丝稀释,再将菌丝体放入装有无菌蒸馏水的三角瓶中摇匀,然后转接到平板培养基之上,使菌丝分布均匀,在适宜的条件下培养至菌落萌发,从中挑选生长健壮的菌丝转接后作为母菌。依此方法得到的纯菌丝母种,需要进行出菇栽培验证,如果复壮菌种与原来的菌种的优秀性状相一致,则表明该菌种得到了良好复壮。

第四章　羊肚菌高产栽培技术

第一节　播种前的准备工作

一、场地选择与整理

(一)栽培地选择

应选择土质疏松、灌排方便、交通便利且平整的土地作为栽培场地,山地、林地、耕作农田、果林地等均可利用。播种之前1个月进行翻耕晒地,可以有效杀灭土壤中的杂菌。羊肚菌喜欢偏碱性的土壤,适宜土壤 pH 为 7.5 左右,如果土壤呈酸性,种植前可采用生石灰粉结合灭菌消毒工作进行调节。

一般来讲,羊肚菌栽培对于土壤质地要求不甚严苛,壤土、沙壤土或沙性土都可用于羊肚菌栽培,如土质过于肥沃,还有可能不利于子实体的形成。生产实践表明,壤土、沙壤土更有利于提高产量,而沙性或黏性特别大的土壤,则不利于羊肚菌的生长发育。沙性大的土壤虽然透气性较好,土壤团粒结构差,土壤保水性不好,土壤表面易于干燥,不利于羊肚菌原基的形成与发育;黏性较大的土壤,虽然保水性能好,有利于表面原基形成,但土壤透气性又过差,同样不利于羊肚菌的高产。

特别需要指出的是,在确定栽培地之前应进行充分调查,在近期 2~3 年之内曾使用过除草剂的地块,严禁选作羊肚菌栽培地,不然将会造成非常严重的减产或绝产后果。

（二）整地做畦

应依据地势、灌排条件、栽培方便进行地块整理，将栽培地整成厢面，一般厢宽90～120 cm，长度不限，厢间隔60～80 cm，以便于播种覆土、灌排和日常管理，如图4-1所示。

图4-1　整地作畦

目前，各地栽培羊肚菌多采用栽培畦面高、两侧走道低的栽培形式。这种栽培方法对于多雨及土壤黏性较大的南方地区较为适宜。北方地区在栽培羊肚菌的过程中，经常发现在羊肚菌栽培畦面的两侧及走道，会大量产生羊肚菌，其密度比正常播种的畦面还要多，特别是北方空气干燥的地区，这种现象更为普遍。通过进一步观察可知，通道部位往往土壤含水量较大，不易干燥，更适合羊肚菌的生长发育。因此，对于北方地区以及南方部分沙性土壤，羊肚菌的栽培畦面应低于两侧人行道20 cm，这样更容易形成适合羊肚菌生长发育的小气候，有利于提高产量。这种低畦高垄的羊肚菌的栽培样式，在生产实际中可利用小型拖拉机，后边悬挂起垄刮板即可，操作非常方便，省工省力。低畦高垄（走道）的形式优点如下：

（1）保湿：可防止扫地风直接吹到羊肚菌栽培畦面，有利于土壤保湿。

（2）防冻：在出菇前期遇到极端低温天或倒春寒时，可减轻幼菇的冻害。

（3）防热：北方地区春天的气温很不稳定，常忽高忽低。例如，2018 年的春季，3 月底的温度就高达 25～30 ℃。在遭遇极端高温时，这种低畦高垄的模式也可在一定程度上减轻高温对菇体的伤害。

（三）浇水

羊肚菌栽培场地在播种之前，可浇一次大水。如为喷灌设施，可喷水 4 个小时以上，亦可采用大水漫灌方式。沙壤土浇水量可大些，黏性土浇水量应少一些。

羊肚菌是喜水性菌类，土壤含水量适宜，羊肚菌播种后菌种萌发快，菌丝生长旺盛。浇大水除有利于羊肚菌播种后菌种萌发与菌丝生长外，还有利于减轻羊肚菌的重茬障碍；对于盐碱性的土壤，浇大水也有利于减轻土壤的盐碱性对羊肚菌的影响。

二、栽培场地消毒灭菌

羊肚菌栽培地的消毒灭菌工作非常重要，是栽培过程中一个十分必要且不可忽视的工作环节，对于减少霉菌感染、降低虫害以及消除重茬影响均具有重要作用。目前，最为经济有效的技术手段，是播种之前撒播生石灰进行消毒灭菌，经生产实践证明，具有良好的应用效果。

采用生石灰消毒灭菌，对于生茬地或第一次栽培羊肚菌的地块，每亩生石灰用量不低于 100 kg；对于羊肚菌重茬地或栽培过其他食用菌的地块，每亩生石灰用量不低于 200 kg 或 300 kg。

地表撒播生石灰完毕后，可马上进行旋耕翻地，翻耕深度以约 20 cm 为宜，如土壤黏性重可旋耕两次，有利于将大土块粉碎，为播种后覆土提供方便。

三、菌种制备

菌种制备是羊肚菌栽培工作中的重要一环,优良菌种具有菌龄合适、生命力旺盛、纯度高和无污染的特点。应根据播种季节,确定菌种制备前推时间,不宜过早,以免影响菌种活力。

(一)菌种的生产时间

羊肚菌菌种的制作和其他食用菌种类的制作方法大同小异,总的来说比较简单,也是采用三级菌种制作法,分别是母种、原种和栽培种。具体的工艺流程和双孢菇菌种制作极为相似,以小麦为主要原料,采用高压或常压的灭菌方法,在无菌条件下接种,在18 ℃以下培养。

羊肚菌菌种生产的技术与设备与其他食用菌相比并不复杂,有其他食用菌菌种生产经验的企业和个人均可生产羊肚菌菌种。

羊肚菌菌丝活力较强,生长速度较快,斜面母种生产周期约为7 天,原种生产周期约为15 天,栽培种生产周期约为20 天,合计所需时间约为42 天。

羊肚菌菌种易老化,在栽培种菌丝长满后应尽快播种使用。这就要求羊肚菌种植者应根据当地的气候条件初步确定播种时间,再根据播种时间来确定菌种生产时间。在没有冷藏的条件下,一般原则是宁可让季节稍等菌种,也不能让菌种等季节。

生产实践经验证明,羊肚菌菌种生产的开始时间,比本地羊肚菌最早播种时间提前70 天即可。各级菌种务必及时使用;否则,应低温储存,避免长时间常温存放造成菌种活力降低。

(二)菌种使用注意事项

(1)羊肚菌菌种菌丝长满后,如不具备播种条件,应立即将菌种放入高温库(温度0 ~ 2 ℃)中储存。具体方法是:先将装有羊肚菌菌种的编织袋,单层摆放在冷库中,12 h后菌种内部温度降至 2 ℃ 以下时,再将菌种一层一层码好。如果将 15～18 ℃ 的羊肚菌菌种直接一层一层地在冷库堆积起来,由于大堆中心部位的菌种产生的热量无法排放,易使大堆中心部位温度逐渐升高,最终导致菌种出现高温而报废。

(2)羊肚菌菌种如需长途运输,待运菌种须经过充分预冷后才能装车发运。一般要求菌种需预冷 24 h,菌种中心温度降至 2 ℃ 以下时才可装车运输。如果运输距离在 500 km 以上,菌种经充分预冷后,须用冷藏车运输。

(3)如果菌种菌丝没有完全长满,因故又急需播种,可采用如下操作方法:将菌种粉碎后在室温(10～18 ℃)放置一夜后,第二天即可使用。但应特别注意的是,粉碎后的菌种自身产生热量很大,应注意菌种堆内的温度,一旦发现温度超过 25 ℃,应立即采取降温措施。

四、播种季节安排

播种时间对羊肚菌的种植非常重要,过早或过晚都会在一定程度上影响羊肚菌的产量。羊肚菌属于低温型真菌,各地应根据当地的气候条件及特点,合理确定播种时间,做到适时播种。一般而言,当环境温度低于 20 ℃ 时进行播种较为适宜。

在北方地区,多采用秋季播种,冬天休眠,春天出菇的冷棚栽培模式。这种栽培模式操作简单,省工省力,产量较高。由于北方地区各省的纬度与海拔相差较大以及冷棚、暖棚栽培的不同,也就造成了不同的播种时间与出菇上市时间较大的差异。有的采用秋播、冬眠、春天出菇的冷棚模式;有的采用秋种冬出的暖棚模式,也有的采用冬种春出的暖棚模式。但不管采用何种栽培模式,都应以种植效益为中心。

(一)温度决定播种时间

影响羊肚菌播种时间的因素很多,但最终是温度决定播种时间。羊肚菌属于典型的低温型食用菌种类,无论是营养生长阶段,还是生殖生长阶段,都需要较低的温度。如果播种时温度太高(20 ℃以上),菌丝虽然生长速度较快,但菌丝易老化,病虫害也容易大量发生,不利于提高产量;如果播种时间太晚,温度太低,由于营养包的菌丝在出菇之前,没能全部长满营养包,造成营养传送与积累太少,从而也影响羊肚菌的产量。

在生产实践中,羊肚菌栽培最终播种时间的确定,要依据当地气候条件及特点,更要注意当地气象台的天气预报,天气预报连续7天的最高温度在20 ℃以下,就可以着手开始播种。

根据近年来的生产经验,在保证30天之内营养包菌丝能够长满的前提下,播种时间宜晚不宜早。

(二)纬度对播种时间的影响

纬度越高,温度越低;而纬度越低,温度越高。所以,纬度越高,播种时间越早;纬度越低,播种时间越晚。

长江以南地区播种时间为11月上旬至12月间,华北地区播种时间为10月中旬至11月中旬,东北地区播种时间为9月中旬至10月中旬,西北地区播种时间一般为10月上旬至11月上旬。

(三)海拔对播种时间的影响

海拔和纬度一样,也是通过温度体现进一步影响羊肚菌的播种时间。海拔越高,温度越低,海拔每增加100 m,温度可降低0.6 ℃左右。所以,在同纬度的条件下,海拔越高播种时间越早。为此,有很多地区还利用这一特点,开展羊肚菌的反季节栽培。由于反季节栽培的羊肚菌鲜品市场价格高,从而有较高的经济效益。例如,在小兴安岭、大兴安岭地区以及甘肃、青海的高海拔地区,可进行羊肚菌的反季节栽培和错季出菇栽培模式,这不失为羊肚菌栽培的高效模式。

(四)栽培设施对播种时间的影响

与南方气候相比,北方春季气候的最大特点是风干气燥。所以,北方地区栽培羊肚菌对栽培设施要求更高,多采用冷棚与暖棚,南方地区采用的平棚模式在北方很少应用。由于栽培设施可在一定程度上调节温度,所以不同的栽培设施可影响羊肚菌的播种时间。

1. 冷棚

冷棚是广大的北方地区栽培羊肚菌采用的主要栽培设施,由于其结构简单、投资小,而深受羊肚菌栽培者的追捧。由于冷棚对温度的调控能力较小,应适时播种,当气温下降至 20 ℃以下时,就应抓紧时间播种,确保冬季来临前,菌丝长透营养包及营养包菌丝的颜色由土黄色变成铁锈色。

2. 暖棚

暖棚也称为日光温室,是我国北方地区或高海拔地区,在寒冷的季节种植植物的一种塑料大棚类型,这种大棚北边、两侧为宽厚墙体,棚顶有草帘或保温被覆盖,增温和保温效果较好。

由于暖棚增温与保温效果较好,播种的时间跨度更大。在东北地区 9 月初至 12 月底均可播种栽培羊肚菌。还可再采用一些其他的加温措施,在 8 月下旬播种,12 月底前采收结束,或春节前再播种,可实现暖棚一年栽培两次羊肚菌的高效模式。有必要说明的是,在第二次播种前,一定要进行杀虫灭菌等特殊处理,避免重茬对羊肚菌带来的危害。

3. 小拱棚

小拱棚是采用钢筋、竹片或弹力杆为支撑物搭建的一种小型塑料棚,往往采用先播种后建棚的方法。由于小拱棚结构简单,造价很低,也是北方地区羊肚菌种植者喜欢采用的一种简易设施类型。由于小拱棚增温、保温效果差,播种时间更要准确把握,一旦温度合适,就应抓紧时间播种。

第二节 播种及发菌期管理

一、播种

(一) 菌种处置

羊肚菌播种操作期间,应避免将菌种置于太阳下暴晒,应选择阴凉处或树荫下堆放。播种前,先将菌种塑料袋或外包装去掉,采用手工或小型粉碎机将菌种破碎成花生米大小的颗粒备用。

最好选择温度较低的阴天或太阳光线不强烈的时候进行播种,以免强光线对菌种造成不必要的伤害。

(二) 菌种用量

一般情况下,每亩菌种用量为 150 ~ 200 kg。污染程度较轻的羊肚菌菌种,去掉污染部分后的剩余部分,仍可用于播种,不会影响播种效果。毫无疑问,每亩菌种用量越大,越有利于形成种群优势,也就越有利于压制杂菌,降低不利因素的干扰,为稳产高产打下更加坚实的基础。因而,近年来羊肚菌的每亩菌种用量有逐渐增加的趋势,这取决于栽培成本与种植效益如何权衡的一个问题,需根据栽培条件、种植技术、资金能力来综合考虑。

(三) 播种方法

播种时,将菌种均匀播撒在土壤表面上,然后立即在菌种上面覆土,覆土厚度为 2 ~ 4 cm。

采用人工覆土方式,可以结合畦沟开挖进行覆土。采用旋耕的方式覆土,旋耕的深度为 5 ~ 10 cm,采用边播撒菌种边旋耕的办法,也就是前边撒菌种,后边旋耕,之后马上覆盖黑地膜。不管采用哪种覆土方式,一定要连续作业,尽量避免强光线对菌种的伤害以及菌种失水的情形发生。

播种前,要详细查看土壤的湿润情况,如果土壤含水量过低或播种之前未浇底水,播种后应考虑立即喷一遍大水或重水。经采取这种喷大水的措施处理后,在加盖黑塑膜的条件下,整个发菌期可以不再考虑水分问题,这样,既有利于菌丝的生长发育,也有利于减少管理环节、降低人工投入。

二、覆盖黑地膜及其作用

(一)覆膜方法

近年来,在羊肚菌的人工栽培中,黑地膜的应用逐渐成为一项常规技术措施,如图4-2所示。覆盖黑色地膜时,地膜四周要压好,既要考虑防止风吹掀开,又要考虑膜下的通风透气性,以充分满足菌丝生长过程中对氧气的需求。需要特别指出的是,切不可采用含有除草剂的黑色地膜进行覆盖。

图4-2　黑地膜覆盖情况

(二)覆膜时间

对于沙性特别大的土壤,羊肚菌播种完毕后,为保持土壤的含水量,应马上覆盖黑地膜。如果土壤黏性较大,含水量较高,可先不覆盖黑地膜,营养包放置后再进行覆盖。

（三）覆膜的作用

在羊肚菌播种后的季节，气候的特点是多风、雨少，空气干燥，覆盖黑地膜有利于保湿、遮光，促进菌丝生长发育。其作用主要表现在如下几个方面：

（1）覆盖黑地膜可以保持土壤含水量、土壤表面的湿润环境，充分满足羊肚菌菌丝对水分的不同需求。

（2）覆盖黑地膜，可以防止杂草的大量生长，有利于菌丝的养分供给。

（3）覆盖黑地膜可以人为控制羊肚菌分生孢子的过量形成，减少养分不必要的消耗。生产实践表明，这种人为控制分生孢子过量产生的方法，不影响菌核的形成，反而有利于提高产出量。

（4）覆盖黑地膜可以遮挡太阳光线的直射，与菌丝生长发育期的避光性相一致，有利于菌丝的生长发育。

（5）覆盖黑地膜可以在黑地膜与土壤表面之间，创造一个适合羊肚菌原基形成及发育的小气候，这个小气候主要表现在高湿（85%～95%）与避风，有利于提高羊肚菌的出菇。

三、播种后发菌期管理

羊肚菌生长发育从播种到出菇之前的这一个阶段，可称作发菌期或养菌期。这个阶段的栽培管理，在覆盖了黑地膜的条件下，应尽量减少管理环节，避免过度管理，以控制温度（避免过高）与适时放置外源营养包为主要措施和任务。在未覆膜的条件下，还应较为适度地注意水分的管理。

羊肚菌菌丝活力较强，生长速度较快，在适宜的环境条件下，播种后数天就会萌发出大量菌丝，如图4-3所示。

10天左右，会在土层表面出现大量白色粉状无性孢子层，称为菌霜，这是发菌期间的一个重要现象。对于能够产生大量菌霜的栽培品种，抑制菌霜的大量发生，减少营养消耗，也是高产手段

图4-3　播种后菌丝萌发情形

之一。如果菌霜很旺盛，出菇前又能自然退霜，或许预示着会有一个好收成；退霜越快，则预示着出菇会越整齐；如果菌霜迟迟不消退，那带霜出菇或许还预示着不会有一个好收成。如果畦面上没有产生菌霜，一般情况下会出菇较少。

（一）温度与羊肚菌的积温

羊肚菌的生产实践表明，低温发菌有利于提高产量。羊肚菌播种后，土壤的温度应尽量保持在 10～18 ℃。如果播种时间较晚，要设法提高棚内温度，确保在春季出菇之前完成羊肚菌营养生长所需的积温。

积温是大田农业上常用的一个概念，在食用菌栽培中不常应用。在大田农业中，积温是指日平均气温 ≥10 ℃时，逐日平均气温的总和。

羊肚菌营养生长阶段的积温，对于羊肚菌的人工栽培意义很大。羊肚菌营养生长阶段的积温与农作物营养生长积温有所不同。羊肚菌积温计算的起始温度为 ≥0 ℃，远低于农作物积温的起始温度（ ≥10 ℃）。

一般认为,羊肚菌营养生长阶段的积温为 800 ℃左右,而六妹羊肚菌积温略低于梯棱羊肚菌。在生产实践中,计算羊肚菌营养生长阶段的积温,对于判断何时进行羊肚菌催菇有着一定的指导意义。

羊肚菌营养生长阶段的积温达到了要求,可间接表明羊肚菌菌丝已经达到了生理成熟,也就是达到了羊肚菌进行生殖生长的内因条件。这时,只要外因条件达到了出菇的要求,就可采取浇水等刺激出菇措施进行催菇了。

羊肚菌菌丝的生理成熟是羊肚菌出菇的内因,而外部环境条件如温度、湿度等是羊肚菌出菇的外因。从哲学的角度看,羊肚菌的出菇,似乎积温比环境条件还要重要。

(二)湿度与土壤的含水量

北方种植羊肚菌,营养包放置完毕后,为保持土壤含水量及土壤表面的空气湿度,往往会在营养包及种植畦面上覆盖黑地膜。因黑地膜对土壤有良好的保水性,一般情况下不再对棚内喷水增湿。

如发现黑地膜下面土壤表面或营养包表面的羊肚菌气生菌丝生长过度旺盛,应及时掀开黑地膜,降低土壤表面的湿度,促使羊肚菌菌丝向土壤中生长,减少土壤表面的菌丝数量,以提高产量。

(三)通风增氧

羊肚菌播种及营养包放置后,羊肚菌进入出菇前的养菌阶段(营养生长阶段),羊肚菌菌丝的生长需要氧气,生产上要求对塑料大棚进行不定期的通风换气,增加羊肚菌棚内氧气的含量,以促进羊肚菌菌丝生长。

羊肚菌大棚的通风换气,对大棚内的温度与空气湿度影响较大。为此,通风的时机与时间应把握好。在寒冷的季节,应选择中午外界温度较高时进行通风,这有利于保持棚内温度。通风的时间可数天 1 次,每次 2 h 左右。特别注意,刮大风的天气不应进行通风换气。

如果发现黑地膜下面羊肚菌气生菌丝生长旺盛,也应掀开黑地膜数小时,增加土壤氧气,促使羊肚菌菌丝向土壤中生长。

(四)光线

羊肚菌和其他食用菌种类一样,营养生长阶段不需要光线,也可以说这个阶段它讨厌光线。

北方种植羊肚菌大多采用覆盖黑地膜技术。如果播种时间较晚,为增加棚内温度,促进营养包内羊肚菌菌丝生长,播种后至出菇前可不用打遮阳网,因黑地膜的遮光作用,也能满足羊肚菌菌丝的避光要求。等原基形成后,在撤掉黑地膜之前,再搭建遮阳网。

在羊肚菌的生产实践中,最忌讳的是让太阳光线直接照在种植畦面上,这样会影响表层土壤羊肚菌菌丝的生长及营养包表面菌丝的生长。

(五)菌丝休眠

北方地区采用冷棚种植羊肚菌,由于冷棚的保温性能较差,不具备冬季羊肚菌出菇的条件,既使棚内形成羊肚菌原基,由于温度太低,也很难发育成正常的羊肚菌子囊果。所以,北方地区冷棚种植羊肚菌,冬季应采取措施促使菌丝进入休眠,尽量避免寒冬季节出菇的情形发生。

(六)浇冻水

在寒冬到来之前,小拱棚内畦面土壤结冰之前,此时发菌期业已转入保育阶段。此后,可考虑浇一次大水,菇农谓之"浇冻水",有封墒保丝之利。待到早春冰解冻释之时,冰雪消融之水则会慢慢浸入土中,可起到润丝催菇之效。

第三节　催菇时机与方法

一、催菇时机

催菇就是人为地创造羊肚菌原基形成的条件，以求尽可能多地形成原基数量，为获得羊肚菌高产打下扎实基础。

催菇的时间非常重要。如果催菇时间过早，由于羊肚菌的菌丝积温不够，还没有达到生理成熟，即使催菇也达不到出菇效果；或因环境气温太低，即使羊肚菌原基能够形成，但由于受到冻害，也很难发育成正常的子囊果。如果催菇太晚，则菌丝自身消耗营养太多，造成出菇少；或遭遇后期环境温度过高，使刚形成的羊肚菌原基易受热而死亡。

华北地区催菇的时间一般选择在立春前后，当天气预报的最低温度在 0 ℃以上时，就可以考虑进行羊肚菌的催菇管理。除此之外，可否进行催菇还有如下一些依据与现象可供参考借鉴。

（1）积温：羊肚菌播种后营养生长阶段积温达到 800 ℃以上。

（2）原基的出现：在个别营养包的周围发现有少量的原基或幼菇出现，由于这个催菇标准易于把握，为大多数菇农采用。

（3）分生孢子变色与消退：在畦的表面发现羊肚菌的分生孢子或菌丝变成铁锈色并逐渐消退。

（4）营养包变色：羊肚菌营养转化包菌丝的颜色变成褐色或黑褐色，当拿起营养包时，发现营养包的割口部位已不沾土。

以上多个方面均可表明，羊肚菌的催菇时间已到，再结合当地的气候条件与特点，合理确定具体催菇时间及措施方法。

二、催菇方法及措施

当内因和外因都达到羊肚菌出菇的要求后，就可以开始进行羊肚菌的催菇工作。内因方面主要是土壤中羊肚菌菌丝达到了出菇的生理要求,也就是常说的积温;外因方面主要是环境温度条件,而其他的环境因素可通过调控来达到。

(一)快速提高地温

催菇时,拱棚内的土壤还处于没有完全消冻的状态,这个时候一定要快速增加地温,促使地温尽快达到羊肚菌形成原基的要求。

这一提高地温的措施非常重要。如果能快速增加地温,就会合理地提早出菇,从而避免后期的高温对羊肚菌可能产生的危害。尤其北方的早春气候有两个特点:一方面,是"短春",感觉春天特别短,没几天夏天就到了;另一方面,是气温波动大。在羊肚菌形成原基时,突然的高温(大于 22 ℃),对羊肚菌原基的伤害是致命的。为此,一旦达到出菇条件,应采取措施快速提高地温。催菇前期,拱棚内的气温可以提高到 20 ~ 28 ℃。相反,如果此时缓慢增加棚内的气温或地温,就会延迟形成原基的时间,增大原基形成期间遇到高温天气的概率。

(二)浇大水

羊肚菌生产实践表明,浇大水有明显的刺激出菇的作用。一般认为,土壤中羊肚菌菌核形成的次生菌丝可以形成羊肚菌原基,而水分能刺激菌核快速形成新菌丝。所以,浇大水能刺激羊肚菌形成原基,如图 4-4 所示。

对于北方地区而言,浇大水刺激出菇,是种植羊肚菌必不可少的技术措施。为加强浇大水的刺激作用,可在浇大水之前充分通风晾厢,让土壤表面稍为干燥一定时段,然后浇大水催菇,效果会更为明显。此外,经过通风晾厢,还可为原基形成及幼菇发育阶段提供一定的空气环境储备。

对于南方地区而言,是否浇大水,浇多大水应视土壤的墒情和土壤的类型而定。如果土壤不缺水并有大量原基已经形成,可以浇小水或不浇水。

图4-4　浇大水催菇

浇水的方法,有喷灌设施的尽量采用喷灌设施浇水;没有喷灌设施的,可以进行大水漫灌。沙壤土浇水可大些,黏性土浇水可小些。

对于轻微的盐碱地土壤,这次大水还可以起到降低其盐碱性的作用。

浇水后应及时重新覆盖黑地膜,使黑地膜和土壤表面之间形成一个相对低温高湿的小气候,这有利于羊肚菌原基的形成。羊肚菌生产实践表明,营养包不撤掉有利于羊肚菌高产,还可以起到支撑黑地膜的作用。

浇大水催菇的作用机制,实质上是利用大水造成土壤内透气性大幅度降低,从而迫使菌丝体在一定时间段内,呼吸减弱,新陈代谢降低。待大水作用消退后,伴随着土壤透气性的重新恢复,菌丝体的新陈代谢过程又重新活跃,从而利用这种作用来达到刺激出菇的目的。

（三）其他催菇措施

除采用以上介绍的两种主要的催菇方法外,还可以辅助采用增加散射光、通风换气、增大昼夜温差等措施,来促进菌丝分化,尽快形成原基和子实体。

（四）第二潮菇的催菇措施

发生第二潮菇的时节,环境气温已明显提高,催菇方法相较第一潮出菇必须有所改变,比如快速提高地温的办法已经无法采用,但仍可以采用浇大水的方法。除此之外,还可采用脚踩地面的催菇方法。

近几年的生产实践表明,发生第一潮菇之前不撤袋,依然可以出菇,还有利于提高羊肚菌的产量。但撤袋能够刺激出菇。所以,此时期营养袋内的养分已大为降低,可以把撤袋作为第二潮菇的催菇方法来运用,具体时间可以在第一潮菇基本结束后的 15 天左右考虑撤袋。

第四节　出菇期的管理要点

一、原基与幼菇阶段的管理

一般而言,在环境条件适宜的情况下,催菇后 7 天左右菌丝体即可分化出现大量原基及幼菇,长者或可达约 10 天。

这个阶段的管理非常重要,很多羊肚菌种植者往往会在这一环节出现问题,甚至导致种植失败。由于原基出现时正值气候不稳定、冷暖变动剧烈的季节,虽然羊肚菌形成原基容易,而从原基发育成幼菇难度较大。这一时期要求种植者精心管理,统筹考虑温度、湿度、通风三者之间的关系,抓住关键要素,应以提地温、保湿度、少通风(或不通风)为主要的管理思路。

如果土壤温度适宜,浇大水后约 7 天,会在土壤表面形成大量鱼籽般大小的白色羊肚菌原基,如图4-5所示。羊肚菌原基形成能力很强,密度可达每平方厘米1~10个。不是所有的原基都能最终成为成熟的子实体,但原基数量多,才会有可能取得高产;而原基数量少,产量相应就会低。原基形成的时间越早,生长发育到成熟的可能性也就越大;出菇阶段时间越长,则产量就会越高。

图4-5　羊肚菌原基

在土壤表层形成的子实体,会较容易长大为成熟的子实体;在土壤表面形成的子实体,则极易被干风吹、温度变动大、水淹等原因致死,因而成活率较低。其时,加强这一时期的精细管理虽然重要,但更重要的前期工作才是关键之举,要预先进行通风换气、调整土壤含水量、空气湿度以及棚内温度,以切实提高形成原基的数量以及幼菇的成活率,如图4-6所示。

(一)温度

羊肚菌原基形成的最佳温度为5~12 ℃。催菇开始后,将土壤的温度快速提高、稳定到此温度区间,是冷棚种植羊肚菌的关键所在。

羊肚菌的原基可以在5 ℃甚至稍低的温度条件下形成,但如果温度过低,原基却很难进一步发育为幼菇。所以,在生产上往往会发现原基大量形成后,却迟迟不能进一步分化,原基的大小与颜

图4-6　羊肚菌幼菇

色没有发生任何变化,最后逐渐消退死亡。这种情况的出现往往是温度过低造成的。因此,在这一时期千方百计增加地温非常重要。增加地温的方法多采用白天利用太阳辐射能增温,棚内空气温度高一些不要怕,与地表温度仍会有较大差别,土壤温度则会更低,所以白天要尽可能地提高棚内温度。晚上则利用覆盖物保温,这也是北方保温棚种植羊肚菌成功率高于平常冷棚的主要因素之一。

(二)湿度

　　羊肚菌形成原基的最佳湿度为85%～95%,土壤较高的含水量与空气中较高的湿度是羊肚菌形成原基的必要条件。

　　催菇浇大水后,要求仍保留在营养包上覆盖的黑地膜,其目的就是在土壤与地膜之间形成一个高湿的小气候,这有利于原基的形成与发育。生产实践表明,形成原基时棚内空气湿度较低且不盖黑地膜,土壤表面往往很少形成原基,甚至整个棚看不到原基。偶而发现在土块或土缝之间长出稀少的羊肚菌幼菇,这也是空气湿度较低而产生的现象。

仔细观察会发现,羊肚菌的原基和其他食用菌(如平菇、金针菇等)的原基不一样,羊肚菌的原基最初仅仅是在土壤表面形成的一个高浓度、半透明的类似晶状液滴,如空气湿度低或土壤表面干燥,会很快消退或死亡,这也充分表明了水分及湿度对原基生长发育的重要性。

在实际生产中,如果发现棚内空气干燥及未覆膜的间隔处表面干燥,在覆膜的情形下可适量适时喷水,喷水时间数分钟即可。

(三)通风换气

羊肚菌原基的形成以及正常的生长发育,需要新鲜的空气。高浓度的二氧化碳及低浓度的氧气不利于羊肚菌原基的形成与发育。

但在生产实践中,在原基形成及形成后的幼菇发育期,却并不主张进行大通风,这是因为羊肚菌原基的形成与发育不是不需要通风换气,而是不敢进行通风换气来增加棚内的氧气。尤其在北方及西北地区,春季的气候特点是风干气燥,如果进行通风换气,势必造成棚内空气及土表湿度的剧烈下降,以及温度的较大波动,从而导致原基与幼菇的死亡。为了克服这一矛盾,生产实践中可采用在催菇浇大水的同时进行大通风,将棚内、膜下的空气彻底置换,从而相对满足原基形成与幼菇发育时对氧气的需求。

(四)光线

微弱的散射光有助于原基形成和幼菇的生长发育。在幼菇生长发育过程中,须避免阳光直射,以免对幼菇造成伤害。

二、幼菇成长发育阶段的管理

在幼菇成长发育阶段,应有侧重地协调温度、湿度、通风三者之间的关系,以控温保湿为主要的管理思路。比如,当外界环境温度过低时,应停止通风,也不进行喷水保湿;当外界环境温度过高时,应加大通风,并进行喷水降温保湿;当外界环境温度适宜时,应适时通风,适量喷水保湿。

(一)温度

幼菇的生长发育期,温度最好保持在 8~20 ℃,较高的温度有利于幼菇的快速生长,以避免出菇后期高温对幼菇的伤害,以及对羊肚菌产量和品质的不利影响。

(二)湿度

当幼菇生长至 3 cm 左右或更高时,即可掀掉黑地膜,掀膜前可进行适量喷水以增加棚内湿度,喷水时间数分钟。此后,应根据土壤表层的含水量及棚内空气湿度,每天喷水 1 次,喷水时间长短可酌情而定,以土壤表面不积水为宜。

(三)通风

随着幼菇的逐渐长大,可进行适当的通风换气,根据天气的变化和棚内的温度选择通风的时段和时间。温度高的天气选择晚上通风以降低棚内温度,温度低的天气选择中午通风,以增加棚内温度。

羊肚菌的栽培实践表明,热空气对羊肚菌造成的危害远远高于低温。热空气比重较轻,往往聚集在大棚的上层。所以,要求塑料棚的通风口须留在棚的上部,这样对羊肚菌的生长发育更为有利。一方面,遇到高温天气时,有利于排除棚内上部积累的热空气,从而规避热空气对羊肚菌的伤害;另一方面,也可规避通风口留在底部时,较强的"扫地风"对羊肚菌产生的伤害。

在出菇后期,如果遇到牛毛细雨的天气,可将棚的门窗及棚的四周全部打开,进行大通风,将棚内的空气彻底换一遍。如果通风不良,棚内的二氧化碳积累过多而无法排除,会造成羊肚菌菌柄生长较长,从而降低羊肚菌的商品价值,会严重影响种植效益。

为避免通风时造成棚内的湿度下降过大,也可在通风前先进行喷水或边通风边喷水,以保持棚内的湿度相对稳定。此外,在采收前一天应停止喷水,以降低羊肚菌子囊果的含水量,更有利于羊肚菌鲜品能快速烘干或晒干。

(四)光线

三分阳七分阴的光线环境有助于子囊果的生长发育。在子囊果发育过程中,应避免阳光直射。强光易对子囊果造成灼伤,导致形成畸形菇。

(五)温度、湿度与通风协调关系

羊肚菌在出菇期间,一是要避免棚内出现高温高湿,高温高湿易造成羊肚菌"白斑病"的发生。羊肚菌的"白斑病"是羊肚菌出菇期间的主要病害,这是一种真菌病害。尤其在羊肚菌子囊果受伤的情况下,遇到棚内出现高温高湿的环境,病害会迅速发展蔓延。这种病害一旦发生,应立即采取通风、降温、降湿措施,切不要指望通过药物能取得多大效果。最有效的解决方法,是不要让棚内出现高温高湿的环境,从而尽量避免白斑病害的发生。如图4-7所示,大田羊肚菌长势良好,菇体健壮。

图4-7 大田羊肚菌长势

第五节　采收与加工

一、采收

当羊肚菌颜色变深，子囊果表面褶皱已经完全展开，羊肚菌孢子没有散发时，说明羊肚菌已可以进行采收了。

羊肚菌采收前一天应适当增加通风，如果羊肚菌子囊果颜色较浅，可增加光线，促使其迅速变黑，此过程称为"上色"。

羊肚菌采收时应采大留小，不要松动周边小菇基部的土壤与菌丝。具体操作方法为：一手捏住成熟的羊肚菌子囊果，一手拿着特制的小刀，沿水平方向将其割下，割口成圆形、"露空"，勿成马蹄形，将根部泥土切削干净，然后放入塑料筐中。操作时，要轻拿轻放，防止菇体相互碰撞，影响商品价值，采摘的羊肚菌鲜品如图4-8所示。

图4-8　采摘的羊肚菌鲜品

我国大多数羊肚菌产品以干品为主,只有少量的鲜品上市销售。羊肚菌的干制加工主要有两种方法:一个是自然晾干;另一个是烘干。此外,还可将羊肚菌鲜品进行速冻加工,放入冷库以 -18 ℃储冻保存销售。

二、加工

(一)自然晾干

北方地区羊肚菌大量出菇的季节,正值春暖花开的春季,此时的气候特点是多风干燥,这为羊肚菌的自然晾晒提供了非常有利的条件;南方地区虽不像北方气候那么干燥,但大多也处于少雨干暖的季节,亦具有一定的自然晾制条件,如图4-9所示。

图4-9　羊肚菌自然晾制

采用晾晒的方法进行羊肚菌干制,应提前做好晾晒工具或晾晒设施,建议参考东北地区晾晒黑木耳的方法与设施,做到防风防雨。晾晒设施的具体结构为:用普通的大棚塑料布,搭建一个简易的塑料棚,然后在棚内用纱布搭建一层一层的晾晒架。晾晒架宽1.5 m,长度不限,可根据场地及操作方便具体确定。如果种植规模较小,也可不用搭建晾晒棚,只采用纱布做一些长1.5 m、宽1.2

m 的晾晒盘即可以解决干制问题。

在羊肚菌晾晒时,应将修剪好的羊肚菌均匀铺在晾晒架或晾晒盘上,羊肚菌相互不要挤压,周围均要透气,以便于干燥。羊肚菌子囊果为中空,容易晾干,一般情况下 2～3 天就可装袋密封以及保存。

(二)烘干

对于种植规模较大或收获季阴雨天较多的地区,建议采用烘干的方法进行羊肚菌的干制加工。羊肚菌采用烘干加工,总的来说,加工后的干品外观质量高于晾晒加工的干品。采用烘干加工的烘干机有两种,一种是电力自动烘干机,另一种是人工烘干机。

(1)电力自动烘干机:每台价格大约 8 000 元,可自动控温,省工省力,加工后的产品质量好。

(2)人工烘干机:人工烘干机采用煤和木柴为燃料,虽然价格较低,每台 3 000 元左右,但需专人看守添加燃料,不但人工费高,而且污染环境。因此,从长远的发展考虑,建议购买电力自动烘干机。

(3)干制过程中的注意事项:无论是羊肚菌的自然晾干,还是烘干机烘干,整个过程以最大限度地保持羊肚菌的自然形状与色泽为主要目的。羊肚菌的外观质量直接影响羊肚菌的销售价格。高品质的羊肚菌其外观质量要求为:菇形完整且饱满、菌柄白色、菌盖黑色。为提高羊肚菌的外观质量,在加工过程中应注意以下几个方面:

①避免堆积发热:采集后的羊肚菌在容器中不能过夜,应及时进行加工处理。如采收后的羊肚菌不及时处理,堆积在容器中,由于菇体的后熟作用,会产生大量的热量而无法排除,导致温度升高,造成菇体变色,加工干制后其菇柄为褐色,从而降低产品的商品价值。

②半干产品保存:如果采取晾晒的方法,第一天晾晒的产品由

于菇体内仍含有较多的水,其代谢活动仍没有停止,如果晚上收集到容器中放入室内,会造成菇体变色而影响品质。

③烘干温度:在羊肚菌烘干时,其前期温度应保持为 30～40 ℃,如果前期温度过高,造成羊肚菌表面细胞迅速死亡,就会使菇体内水分无法进一步排除,从而影响产品质量。

④质量标准:如果没有羊肚菌收购商提前订购,应按常规的质量标准进行加工,不用全部剪掉羊肚菌的菌柄,只将羊肚菌菌柄基部的皱褶部分去掉,菌柄下部"露空"即可。

⑤包装:羊肚菌的干制品应马上装入具有内衬塑料袋的编织袋中,封闭后保存。保存期间应注意查看,防止产品回潮与生虫,储藏的环境温度越低、空气越干燥越好。

第五章　羊肚菌外源营养包

　　羊肚菌是异养真菌,其生长发育所需要的营养必须靠外界环境来供给。外界环境提供的营养物质,其质量与数量会直接影响羊肚菌的品质与产量。羊肚菌生长发育所需要的绝大部分营养,是通过羊肚菌的外援营养转化包来提供的。羊肚菌的外援营养转化包是指摆放在羊肚菌种植畦面上,为土壤中羊肚菌的菌丝提供营养的、按一定培养料配方制作的培养料包。

　　羊肚菌营养包的原材料配方与制作,是种植羊肚菌的一个主要生产环节,也是一个重要的技术环节。纵观羊肚菌的种植过程,约有一半以上的工作量与生产成本集中在这一环节。在营养包的制作过程中,原料配方、含水量、松紧度、灭菌效果等每一个环节的质量好坏,最终都会影响羊肚菌的种植效益。

第一节　营养包的制作原料

　　目前,人们通常以小麦、米糠、谷糠、麸皮、玉米面、黄豆面、玉米芯、稻壳、棉籽皮、食用菌菌糠、木屑、石膏、石灰等为原料生产羊肚菌的外源营养转化包,对于不同的配方,各种原料的配比有所不同。常用外源营养转化包生产原料的化学成分见表5-1,主要矿物质含量见表5-2。

　　(1)小麦:当前,以小麦为主的营养包配方应用最为广泛,在生产实践中也获得了良好高产效果。在用小麦制作羊肚菌营养包的问题上,也有人提出了用粮食换产量的概念。

表5-1 常用生产原料化学成分 （%）

种类	水分	粗蛋白	粗脂肪	粗纤维 （含木质素）	无氮浸出物 （可溶性糖类）	粗灰分
小麦	14.5	10.0	1.9	4.0	67.1	2.5
棉籽皮	13.6	5.0	1.5	34.5	39.5	5.9
稻壳	6.7	2.0	0.6	45.3	28.5	16.9
细米糠	9.0	9.4	15.0	11.0	46.0	9.6
统糠	13.4	2.2	2.8	29.9	38.0	13.7
玉米	12.6	9.6	5.6	1.5	69.7	1.0
黄豆	12.4	36.6	14.0	3.9	28.9	4.2
玉米芯	8.7	2.0	0.7	28.2	58.4	2.0
麸皮	12.1	13.5	3.8	10.4	55.4	4.8
木屑	—	1.5	1.1	71.2	25.4	—

表5-2 常用生产原料主要矿物质元素含量

种类	钙 （%）	磷 （%）	钾 （%）	钠 （%）	镁 （%）	铁 （%）	锌 （%）	铜 （mg/L）	锰 （mg/L）
小麦	0.106	0.320	0.362	0.031	0.042	0.007	0.011	5.4	18.0
稻谷	0.770	0.305	0.397	0.022	0.055	0.055	0.044	21.3	23.6
稻壳	0.080	0.074	0.321	0.088	0.021	0.004	0.071	1.6	42.4
米糠	0.105	1.920	0.346	0.016	0.264	0.040	0.016	3.4	85.2
玉米	0.049	0.290	0.503	0.037	0.065	0.005	0.014	2.5	—
豆饼粉	0.290	0.470	1.613	0.014	0.144	0.020	0.012	24.2	28.0
麸皮	0.066	0.840	0.497	0.099	0.295	0.026	0.056	8.6	60.0

（2）玉米芯：在玉米种植地区，可采用玉米芯为主料制作羊肚菌的营养包。玉米芯透气性好，持水力强，但含氮量低，且因质地疏松营养后劲不足。为此，栽培实践中应添加较多的辅料，一般应添加麸皮15%以上，玉米粉5%以上。

（3）稻壳：稻谷种植广泛，南方地区尤多，是一种非常丰富的生产原料。

（4）食用菌菌糠：菌糠是指以棉籽皮、玉米芯、木屑、米糠、麸皮等为原料，用以栽培各类食用菌采收子实体后剩余的培养料，俗称食用菌废料或菌渣。食用菌在我国种植业中属第五大产业，菌糠的数量非常惊人。这些菌糠如能得到有效利用可变废为宝；如果随便遗弃，不但浪费资源，而且还会污染环境。

经有关科研部门测定，这些菌糠的营养极为丰富，不但含有丰富的碳源，还含有丰富的氮源。特别是工厂化栽培的食用菌如杏鲍菇、金针菇、海鲜菇等，因生长周期短，只采收一茬子实体后即废弃，其培养料内仍有大量的营养物质没有被充分地分解与吸收，经处理后将是制作羊肚菌营养包的优良原料。

可利用工厂化生产的食用菌所产生的废料（金针菇、杏鲍菇、蟹味菇、海鲜菇）制作羊肚菌的营养包，这些食用菌废料不但营养丰富，而且价格极为低廉，可大幅度降低羊肚菌栽培的生产成本，提高种植效益。

这些食用菌工厂化产生的菌糠，在作为羊肚菌营养包原料使用之前，还要进行充分的发酵，使之更加适合羊肚菌菌丝的分解、吸收与利用，还能减少杂菌对营养包的污染。

（5）木屑与锯末：木屑是指木材加工过程中形成的颗粒较大的物质，也指为种植香菇和木耳等木腐菌而专门粉碎木材后形成的颗粒物质。锯末是指用钢锯在木材加工过程中形成细小的粉末状的物质。实际上木屑与锯末没有本质的区别，只是颗粒大小不同而已。

我国早期大多数羊肚菌种植者,在制作羊肚菌营养包的时候,往往大比例添加木屑,这样做有必要吗? 科学依据是什么? 人们以木屑为主料,生产羊肚菌营养包可能有如下方面的考虑:

发现野生羊肚菌生长的地方往往是杨树林(北方地区)和树林中残枝落叶的地上,好多人认为树木及其成分与羊肚菌的发生有关。

南方地区用于生产营养包可选择的主料较少,而木屑价格低廉,取材方便,再加上生产其他木腐菌的惯性思维,南方地区多选择木屑为原料也就不难理解了。而北方地区大多数的羊肚菌种植者还是在套用南方地区的种植技术与工艺流程。

可以认为,既然羊肚菌属于土生性草腐菌,在其生长发育的整个过程之中,添加木屑并非所需。此外,木屑的主要成分是木质素,而羊肚菌菌丝胞外酶分解木质素的能力较差,从这一点上分析,在羊肚菌种植中添加大比例的木屑,反而不利于提高羊肚菌的产量。

如在没有其他原料可供选择的前提下,可以选择木屑为主料生产营养包,但应注意如下几方面的问题:

锯末优于木屑:由于木屑颗粒较大,单位质量的表面积较小,不利于羊肚菌菌丝的分解与吸收,所以作为羊肚菌营养包的原料,锯末要优于木屑。

阔叶树木屑优于针叶树木屑:阔叶树的旧木屑一定不能腐烂变质,霉变结块;针叶树的新木屑一定要经过处理才能用于生产。处理方法一般是将针叶树新木屑,在露天场地堆积半年以上,在此期间应不断向上喷水,使之风吹日晒自然发酵,逐渐改善其物理及化学性状,使一些不利于菌丝生长的芳香性物质和树脂等得到分解和挥发。

软木屑优于硬木屑:软木屑是指生长快速、质地松软的树种形成的木屑,硬木屑反之。以软木屑为原料生产营养包优于硬木屑,这一点和生产木腐菌(木耳、香菇等)恰恰相反。软木屑质地松软,有利于羊肚菌菌丝的吸收利用,所以软木屑优于硬木屑。在缺乏玉米芯的某些北方地区,可以选择杨树木屑作为羊肚菌营养包的原料。

无论是木屑还是锯末,无论是新锯末还是旧木屑,无论是硬杂木屑还是软杂木屑,无论是阔叶树还是针叶树,在使用之前都应充分进行发酵,使不容易被羊肚菌菌丝吸收利用的大分子物质,变成更加容易被分解吸收的小分子物质。如此,有利于提高羊肚菌产量。

(6)棉籽皮:20世纪70年代,河南安阳供销社刘纯业先生发明了利用棉籽皮栽培平菇,从此中国的食用菌栽培掀开了新的一页。到目前为止,棉籽皮仍是栽培各种食用菌最好的原料,特别是对于某些木腐食用菌种类更是如此。所以,棉籽皮也称为通用培养料或万能培养料。用棉籽皮为培养料栽培各种食用菌能获得高产,究其原因为:

①棉籽皮营养丰富且全面,不但含有丰富的碳源,如木质素、纤维素等,还含有丰富的氮素,其C/N(碳氮比)也非常适合菇类的生长发育。

②由于棉籽皮特殊的外观形状,其透气性较好。

③棉籽皮含有大量的短绒,拌料后可容纳大量水分和氧气,能较好满足出菇时对培养料含水量的要求。

优质棉籽皮的标准为:霜前花,色泽白,棉绒多,壳大小适中。棉籽皮不但是种植各种食用菌的好原料,也是制作羊肚菌营养包的好原料。它唯一的缺点是价格昂贵,以它为主料制作羊肚菌营养包,生产成本较高。在棉籽皮资源丰富的新疆地区,可以作为生产羊肚菌营养包原料的首选。

(7)辅料:在培养料中所占比例较小,但对整个培养料的营养起着重要调节与平衡作用的原料,称为辅料。羊肚菌营养包常用的辅料有麦麸(麸皮)、黄豆面、玉米粉、米糠、石膏、石灰等。

麸皮:麸皮是羊肚菌营养包最常用的辅料,它的作用主要是增加培养料的氮源,其蛋白质含量为11%~14%。麸皮的添加量一般为10%~15%,且越新鲜越好。

黄豆面:黄豆面富含粗蛋白以及各类矿质,是羊肚菌营养包常用的辅料之一,它的主要作用是增加培养料的氮源,添加量一般为3%~5%。

玉米粉:将玉米粒粉碎成米粒大小称为玉米粉。用玉米粉比用玉米面的效果要好一些,特别是在高温季节,用玉米面作为辅料,拌料后很容易出现酸败,这是因为玉米面更容易被细菌所利用。玉米粉也是羊肚菌营养包常用的辅料之一,它的作用是增加培养料的碳源和维生素。作为辅料,玉米粉添加量一般为2%~5%,也是越新鲜越好。高温季节可少加些,低温季节可多加些。一般来说,添加了玉米粉就没必要再添加其他糖类。

米糠:是指水稻或谷子的细米糠,也是越新鲜越好,主要作用是增加氮素。米糠作为生产羊肚菌营养包的辅料,效果也很好,一般添加量为10%~20%。

石膏:主要化学成分为硫酸钙($CaSO_4$),含 SiO_2、Al_2O_3、Fe_2O_3、MgO 等杂质,可提供羊肚菌生长所需的矿质营养,添加量一般为1%~2%。

石灰:石灰可分为生石灰(CaO)和熟石灰 $Ca(OH)_2$,通常用的石灰为生石灰与熟石灰的混合物,主要作用是调节培养料的酸碱度,同时,对培养料的酸碱度还有缓冲作用,添加量一般为1%~2%。

第二节　营养包的制作方法

一、营养包配方

一般认为,不同的原料制作羊肚菌营养包,由于自身营养物质含量的差别其效果有所不同。栽培实践表明,某种主料固然对产量有一定影响,但是对于许多原料而言,只要添加适量的辅料,做到营养均衡,配方合理,仍会得到较理想的效果。在制定羊肚菌营养包配方时,应注意以下两个问题:一是针对羊肚菌的营养需求特点,合理搭配碳素和氮素营养,做到碳素和氮素营养平衡;二是对于通气性较差的原料,可适当与透气性较好的原料混合使用。

羊肚菌菌丝在营养包内正常的生长,不但需要充足的碳源和氮源,而且还需合适的碳氮比以及较为丰富、平衡的矿质营养,这是制定羊肚菌外源营养包配方的基础。

配方1:玉米芯70%,麸皮25%,黄豆面4%,石灰1%。

配方2:杏鲍菇废料70%、麸皮25%,玉米面4%,石灰1%。

配方3:金针菇废料70%,麸皮25%,玉米面4%,石灰1%。

配方4:小麦70%,玉米芯25%,玉米面4%,石灰1%。

配方5:小麦60%,谷糠35%,黄豆面4%,石灰1%。

配方6:小麦60%、棉籽皮35%,玉米面4%,石灰1%。

配方7:小麦70%,谷糠25%,黄豆面4%,石膏1%。

配方8:稻壳50%,小麦43%,黄豆面5%,石膏1%,石灰1%。

配方9:木屑45%,小麦45%,黄豆面8%,石膏1%,石灰1%。

以上配方仅作为制作营养包时的参考,应结合当地原料、土壤等实际条件进行适当调整。在这些配方的原料中,除菌糠外,像玉米芯、稻壳、木屑和棉籽皮等类的原料,可以进行预先发酵处理后使用,也可以不进行发酵直接使用,还可以进行简易发酵,一次性闷堆若干天后使用。但原料发酵后使用,可有效地抑制营养包内杂菌的感染,利于营养的分解吸收,且拌料会更加均匀,更有利于菌丝的生长发育。

二、营养包原料的发酵方法

发酵是微生物在有机物中生长繁殖的过程,这个过程包括微生物对有机质的分解、吸收及利用,是一个非常复杂的生物化学过程。当前,许多羊肚菌种植者对营养包原料的发酵问题,没有足够的重视。然而,原料的发酵及其发酵质量,却对羊肚菌的生长发育有着不容忽视的重要影响。

(一)发酵的目的

(1)有利于菌丝对原料的吸收与利用:羊肚菌属土生草腐菌,对某些物质的分解能力较弱,通过对原料的发酵,可使不容易被羊肚菌菌丝分解吸收的大分子物质,变成容易被羊肚菌菌丝吸收利用的小分子物质。

(2)调解理化特性:通过发酵可改变原料的理化特性,使营养成分得到重组,变得更加全面。同时,使原料的碳氮比变小,有利于菌丝的快速生长。

(3)减少杂菌及虫卵:原料的发酵过程,其实就是一个巴氏灭菌过程,在原料的发酵过程中,随着各种微生物的生长繁殖会产生大量的热量,使原料的温度逐渐升高,能够达到 $60 \sim 70\ ℃$,可杀灭部分杂菌及虫卵。同时,可诱发某些杂菌孢子的萌发,有利于后期营养包灭菌时,更易于消灭那些耐高温的杂菌孢子。

(4)使原料具备选择性:众所周知,在栽培双孢菇的过程中,培养料的发酵是双孢菇生产过程一个必不可少的环节,发酵质量的好坏直接影响着双孢菇的产量。"选择性"这一概念实际上就是从双孢菇种植工艺引进来的,是指经发酵后的原料,有利于菌丝的生长,不利于或抑制其他杂菌的生长。所以,制作羊肚菌营养包的原料,经发酵后也会具有"选择性",从而可减少杂菌对羊肚菌营养包的感染。

目前,大多数羊肚菌种植者对原料在使用前的发酵,意识还非常淡薄。随着羊肚菌产业的发展,其工艺流程会逐步完善,制作营养包原料的发酵问题,会逐渐得到重视及更广泛的应用。

此外,羊肚菌的营养包做好后需打眼或割口并放置在土壤表面,在这样一个完全开放的到处是杂菌的环境中,营养包不被杂菌感染是很难做到的。羊肚菌的生产实践表明,原料发酵是控制杂菌感染较为有效的手段之一。

(二)发酵的实质

羊肚菌原料的发酵,其实质是在多种自然存在的微生物及适宜的环境条件下,大量繁殖的一个过程。

1.微生物种群

参与发酵的微生物种群很多,有细菌类也有真菌类。不同的发酵阶段,参与发酵的微生物种类也不尽相同。发酵前期有低温菌参与,发酵后期主要以嗜热性高温放线菌为主。

放线菌是一类而不是一种,它是介于细菌与真菌之间的一类微生物,其细胞结构与细菌相似。放线菌在繁殖过程中会产生大量种类繁多的抗生素类物质,有些成分可抑制其他杂菌的生长。

2.环境条件

发酵的过程是个好氧微生物的繁殖过程,为发酵提供一个足够的有氧环境是必需的。

3.能量转换

原料的发酵过程,是一个化学能转化成热能的过程,在发酵的过程中,部分物资以热量的形式跑掉了,也就是说,发酵的过程是一个消耗营养物质的过程。所以在生产上,价格较高的铺料不参与发酵,只是对价格低廉的粗料进行发酵处理。

(三)发酵的方法

投资大小与机械化程度高低不同,发酵的方法也不一样。

1.常规发酵方法

在羊肚菌营养包生产之前15天,开始进行粗料的发酵。选择硬化的场地将主料加水吃透拌匀后建成长条形料堆。一般要求料堆顶宽1.2 m,高1.5 m,根据场地的条件长度不限。为增加料内的氧气,建堆后的第二天,用铁锹柄在料堆的两侧打孔,增加透气性,当料堆内部温度达到55 ℃以上时进行翻堆,内外挪位。当温度再次升高后,再次进行翻堆,总的发酵天数及翻堆次数应以气温、原料种类等确定,一般以发酵天数5～7天、翻堆次数2～3次为宜,依据白色放线菌多少评价发酵效果,其多出现在料堆内部。

如果种植规模较大,条件允许可采用铲车翻堆。铲车翻堆省工省力,可大幅度提高工作效率,降低翻堆的人工成本。

2.隧道式发酵方法

对投资规模较大的大型羊肚菌生产企业,可采用荷兰种植双孢菇的隧道式发酵方法。隧道式发酵不用翻堆,操作简单,发酵质量好。隧道式发酵的缺点是投资大,不易推广。

(四)发酵质量

高质量的发酵料,有如下特性:

(1)发酵料中有大量白色的放线菌;

(2)发酵料不但没有酸臭味,还有特殊的发酵香味;

(3)发酵料不脏手,不扎手。

三、营养包的制作方法

(一)营养包的生产场地

生产场地包括原料储备场地、拌料与装袋场地以及灭菌场地。对于一个规模化羊肚菌种植来讲,这些场地的安排布局非常重要。合理布局的原则是操作方便,节省工时,减少搬运装卸,提高工作效率。

　　原料储备场地:原料储备场地最好选择固定的厂房,无条件的可搭建原料仓储棚。大量储存菌糠或木屑,也可采取露天方式。

　　拌料与装袋场地:拌料与装袋场地可安排在同一个地方,即拌完料后可就地装袋。场地要求用水泥硬化地面,位置宜靠近原料储备场地。

　　灭菌场地:灭菌场地要适当远离原料储备场地、废料堆及拌料场地等容易滋生虫害的区域,要求地面硬化并保持洁净。

(二)拌料

　　料水比例:如果营养包培养料含水量过大,会因透气性差导致菌丝生长缓慢,严重影响营养包内的菌丝长势,自然会降低出菇量。为此,拌料时料水比一定要合理,如果感觉难以准确把握,则宁干勿湿。一般情况下,料水比为1:1.1较为适宜。

　　拌料方法:拌料前,先将拌料场地打扫干净,石灰或石膏如有小碎块可先过筛一次。拌料时,按配方比例,先将经充分发酵后的粗料摊铺在场地上,而后将辅料如麸皮、玉米粉、石膏等先按配方比例混合均匀,再将混匀后的辅料撒到主料上,按料水比加水混合均匀。

　　判别拌好的料水分大小是否合适,可手抓一把料使劲挤稍见水为宜;如水珠滴下不断线,则表明含水量过高。

(三)装袋

　　塑料袋选择:制作羊肚菌营养包,可采用规格为 17 cm × 32 cm × 0.02 cm 的低压高密度聚乙烯塑料袋,这种塑料袋韧性好,不易破损。如果采用高温高压灭菌,应选用相同规格的聚丙烯塑料袋。聚丙烯塑料袋在冬季易破口,生产上较少应用,但夏季生产仍可采用。

　　装袋:装袋时,一定要注意袋内料的松紧度要适中,装得太紧会影响透气性,装得过松则会影响装袋效益。采用手工装袋时,对于新手如不能准确把握松紧适中,则可宁松勿紧。每个羊肚菌营养包装料湿重约 750 g,干料重约 550 g。

(四)灭菌

灭菌是将羊肚菌营养包内的一切生物利用热能杀灭的一个过程。目前,普遍采用的方法是常压灭菌,高压灭菌应用较少。常压灭菌可采用电锅炉(蒸气发生器)或燃气锅炉进行营养包的常压灭菌,这种灭菌方法投资少,操作方便。

常压灭菌:先将灭菌场所清干净,再将已装满营养包的塑料筐或铁框一层一层摆好,一般一次可灭菌 5 000 袋左右。用一层塑料布(旧塑料布可用两层)盖在料堆上边,再覆盖一层苫布。如果是冬季,苫布上边再盖棉被一层,四周用砂袋压好或用绳子捆好。蒸气通过管道进入营养包垛内,3 ~ 5 h 会发现苫布鼓起,称为"圆汽",即垛内温度已达到约 100 ℃,有时会达到 105 ℃。此时可开始计时,要求不间断灭菌 10 h 以上。如果用新塑料布覆盖,可在料垛的四个角下部分别放置四个铁管,让其自然排汽,以免垛内压力过高将整个覆盖物掀起。

灭菌结束后,使之自然降温冷却,在冷却过程中不可将苫布及塑料布掀掉。灭菌效果正常的营养包表现为深褐色,有特殊香味,无酸臭味,袋内培养料 pH 为 6.5 ~ 7.5。

高压灭菌:有条件时,可采用高压灭菌的方法,制作营养包的塑料袋须用聚丙烯塑料袋,当温度达到 121 ℃时,灭菌时间为 3 h 左右。

第三节　营养包放置时机与方法

一、放置营养包的时机

羊肚菌栽培放置营养包的时机非常重要,过早或过晚放置都不好。放置营养包时间过早,由于土壤表面羊肚菌菌丝太少,容易使土壤或空气中的杂菌趁虚而入,易造成营养包杂菌感染。如果营养包放置时间过晚,由于土壤表面羊肚菌菌丝的老化以及活力衰退,同样不利于营养包内营养物质的分解、吸收与传送,也容易引起杂菌的侵染。

一般情况下,在播种后数天或稍长时间,土壤表面羊肚菌菌丝或分生孢子密集时,是放置营养包的最佳时机,如图 5-1 所示。此外,要求营养包本身的温度须在 20 ℃以下,切不可蒸杀灭菌后直接运到大田摆放。

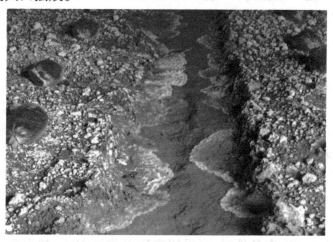

图 5-1　营养包放置时机

如果播种 20 天以后,在土壤表面既没有大量分生孢子产生,又未见大量的菌丝体出现,则表明羊肚菌菌种在土壤中的萌发已产生异常,不可再盲目放置营养包,需认真查找原因,采取适当补救措施。如果采取重新补种措施,可采用沟播方法,每亩用种量150 斤左右。

二、放置营养包的数量

据这几年的生产实践,经粗略估算,对以小麦为主料的营养包配方,羊肚菌栽培的生物学效率为15%~50%,即在菌种、栽培技术、营养包配方、环境因素诸条件都较佳的情况下,可达到2斤营养包干料产出1斤鲜品羊肚菌的生物学效率。

生产实践同样表明,营养包通过菌丝体输送养分的影响范围或传输距离约为20 cm,此距离决定了营养包的摆放密度。

综上所述,羊肚菌营养包的摆放数量,需要对生物学效率、影响范围、营养包大小、种植成本以及当地气候条件进行综合考虑,从而确定出营养包的具体摆放数量。一般情况下,如按每袋湿重1.5斤、实际栽培面积70%计算,每亩羊肚菌营养包摆放数量需1 500袋,大约每平方米摆放3个营养包。

近几年来,成都地区流行干重0.6斤的小营养包,每亩摆放数量达到2 400个或更多,也取得了较好的出菇效果,如图5-2所示。

图5-2　羊肚菌营养包摆放场景

三、放置营养包的方法

首先,应将已灭好菌的外源营养包底侧划口,然后将底面朝下均匀、平铺摆放在"菌霜"之上,再用脚轻轻踩一下羊肚菌营养包,使羊肚菌菌丝与营养包内的培养料密切接触,土壤表面的菌丝将进入营养包,吸收包内的营养成分,在转化、利用的同时,又向土壤中的菌丝体网络传送、储存大量养分物质。

为尽量扩大营养包的影响范围或传输距离,营养包底部划口时应靠近两侧,每一侧划一个口子,这样既可以适当扩大营养包的影响范围,又可以增加与包外菌丝的接触面,也有利于向土壤中的菌丝体输送养分。

如畦面或厢面覆盖有黑地膜,放置营养包时应站在畦的两侧,首先将黑地膜掀开,将营养包放好,再重新覆盖好黑地膜,保持膜下湿润的环境,以利于菌丝的生长,为羊肚菌子实体的发育奠定基础。

在种植季节正常、温度合适的条件下,羊肚菌营养包摆放后约20天,菌丝即可长满营养包。羊肚菌营养包摆放后,如发现羊肚菌菌丝过于浓密且生长速度逐渐缓慢,遇到这种情况,十有八九是营养包水分过大、透气性不良、氧气不足所致,应当机立断,用手指粗的木棍从上至下将营养包穿透至土壤中,以增加营养包的透气性,促进包内的菌丝生长。

第四节　营养包的有效添加

羊肚菌播种以后,待条件成熟时,将在土壤表面放置营养包,其目的是使营养包的营养成分通过菌丝传送到土壤中去,既为菌丝和菌核的生长发育提供充足的养分,又把大量养分储存到土壤中的菌核内或菌丝体中,为下一步羊肚菌的生殖生长,做好物质上的充分储备。如果以上所述目的达到了,就可称为有效添加。也就是说,羊肚菌营养包的有效添加是指营养包的营养最大限度地转移到土壤中去了。在生产实践中发现,凡是羊肚菌高产田均为有效添加。

从羊肚菌大田栽培实践看,凡是高产田均可认为达到了有效添加,如图5-3所示。但从另一方面或生产实践来看,在许多情形下,既使达到了有效添加,由于菌种、环境条件、病虫害、后期管理水平等方面因素的存在,也会不同程度地影响到最终高产的目的。

图5-3　放置营养包后的羊肚菌长势

一、营养包有效添加的特征

(1)营养包体积明显收缩,塑料袋出现皱褶;

(2)营养包重量明显减轻;

(3)羊肚菌营养包明显变软;

(4)营养包的原料变成黑色,呈腐烂状;

(5)营养包放置后的前期,没有或较少受到杂菌污染与虫害;

(6)营养包与土壤界面形成较多菌核体。

二、增强有效添加的措施

(1)适当较低温下培养栽培种,保证菌种生活力旺盛;

(2)低温发菌保持菌丝活力,减少营养包杂菌污染与虫害;

(3)营养包内营养物质丰富、均衡,含水量与透气性适宜;

(4)放置营养包时,划两道口,增加输送营养成分的菌丝量以及透气性;

（5）保持适宜的土壤含水量，透气性好；

（6）适当增加黑地膜的透气性；

（7）根据当地的自然环境条件，棚内湿度、土壤含水量及类型，科学合理地确定是否覆盖地膜，以及覆盖地膜的时机。

第五节　营养包作用机制分析

一、野生羊肚菌的生活环境

羊肚菌是羊肚菌属所有种类的统称，并非指一个具体的物种。羊肚菌属由 Dill 和 Pers 于 1794 年建立，是大型真菌中特别是子囊菌中最重要、最著名、最可口的食用蕈菌，生物体由菌丝体、子囊果、子囊孢子等部分组成，包括菌丝、菌丝体、菌核、分生孢子、子囊果、肉质假根、子囊、子囊孢子等。羊肚菌在世界范围内广泛分布，主要生长在湿润的林地草丛之中，也有田间、河边、路旁、火烧地及草地等。我国有 20 多个省份发现有羊肚菌生长，主要分布在云南、四川、贵州、甘肃、新疆、青海、河南、山西、陕西、河北、吉林、辽宁、黑龙江、江苏、宁夏、内蒙古、山东等地。人们对于羊肚菌的野外生长状况已经进行了长期大量的观察研究，积累了众多较为详细的羊肚菌生长环境的观察资料，如图 5-4 ~ 图 5-6 所示。

（一）承德野生羊肚菌生态环境的调查研究

在调查区域中，找到了粗柄羊肚菌和尖顶羊肚菌两个种，并对生长地的土壤、温度、降水进行了观察，总结得出羊肚菌对生长地域并没有严格的要求，除冷热差异较大的地区外，一般都能正常生长。在羊肚菌生长发育过程中，特别是子实体原基形成后，羊肚菌对温度和湿度的反映变得较为敏感，初春气温适宜，雨量充沛，则野生羊肚菌发生的数量多。

图 5-4　野外羊肚菌实地考察(图中为贾乾义)

图 5-5　黑色野生羊肚菌

(二)菏泽黄河冲积平原羊肚菌资源调查

调查发现菏泽市境内主要有 4 种羊肚菌,分别为粗腿羊肚菌、小羊肚菌、羊肚菌和尖顶羊肚菌,其多发生在速生杨树林、牡丹园、果园和上一年种植过甘薯类的麦田中。海拔 30～40 m,土壤呈弱碱性,多为沙性土、沙质壤土,土质较贫瘠,镁、铁、锰、铜等常量及微量元素高于不发生羊肚菌的土壤。同时还发现,羊肚菌在某一个地块发生过,该地方 3～5 年内就很少再采到羊肚菌,这也是野

图5-6　黄色野生羊肚菌

生羊肚菌稀少的一个重要原因。

(三)青海羊肚菌生态环境调查

羊肚菌发生地区有森林腐殖土,有夹沙的黑、黄、红色土壤;有羊肚菌生长在河边的沙滩上;有羊肚菌生长在林区仅有很薄腐殖土层的岩石上。

羊肚菌多发生在林木、草丛稀疏且土壤湿润的地块,有田间、有地旁、有沟边、有河边、有路旁、有森林、有火烧地,还有草地等,不一而足。在森林中,羊肚菌常生于阔叶林或针阔混交林下,植被有柳树、白桦、杜鹃等;草地植物以禾本科一年生为主,其次是部分草本双子叶杂草。据人们观察,不同的羊肚菌其生态环境因种而异,例如,在森林中的羊肚菌大多数为黑羊肚菌,而阳光充足的沙滩及草滩上则以黄羊肚菌为多见。总体而言,野生羊肚菌出土稀少,多为单生、群生,少见丛生,品貌不扬,且较难以觅见。

火烧地多长羊肚菌。火烧过的林地常见大量羊肚菌发生,火烧对于羊肚菌发生到底会产生什么影响,有人解释为某些易吸收的矿物质对羊肚菌的生长发育有一定的促进作用。火烧对于羊肚菌的影响是复杂且广泛的,火烧可以将地表的枯枝落叶全部以无机盐的形式返还给土壤,暴露出羊肚菌的菌核,促使子囊果形成。

火烧还可以促使处于休眠状态的菌核萌发,从而在火烧后的第一个夏天大量长出子囊果,但之后产量会逐年降低,这或许是火烧后一次性使用了过多的菌核而后续补充不足所造成的。有研究结果表明,在羊肚菌生活史中,火烧确实有重要的作用,但火烧也不是必需的。

羊肚菌属于低温高湿型真菌,子实体多发生在每年春季 4 ~ 5 月和秋季 8 ~ 9 月。但青海的调查发现,羊肚菌发生在 5 月上旬至 6 月上旬和 9 ~ 10 月;云南、四川等地发生在 3 月下旬。由此可见,羊肚菌的发生时间主要取决于地表温度,适宜气温为 7 ~ 22 ℃,而不是完全取决于季节。

通过以上调查不难发现,羊肚菌分布较广,有较强的适应性。野生羊肚菌的生长环境不分山区平原、不分林地荒坡、不分田间沟边、不分地贫地瘦,除气温较高的热带地区或干燥的沙漠外,只要有适宜的环境气候条件,就有可能在适宜的时节长出羊肚菌来。

二、羊肚菌人工栽培的生产实践

近几年来,随着羊肚菌栽培技术的日渐成熟,栽培面积快速增长,栽培地域遍布全国各地,据保守估计仅四川一省就已达数万亩,全国栽培面积高达 10 万亩以上;羊肚菌的亩产量也已达数百斤,高者或达亩产 2 000 斤以上,如图 5-7、图 5-8 所示。

当前,人们对羊肚菌栽培技术的认识更加深入,运用能力更加成熟,使用方法也更加优化。通过大田优良菌株的选育,涌现出多个生物学性状优秀的栽培品种,如梯棱羊肚菌、六妹羊肚菌,在大田栽培中均能获得较好的稳定性和高产。羊肚菌的栽培工艺、栽培方法、栽培技术渐趋成熟,栽培模式更加多样化,羊肚菌已基本上成为驯化成功的一个珍稀菌种。

事实上,目前的羊肚菌大田栽培之所以取得巨大成功,是外营养添加技术结合选用优良菌株,共同为羊肚菌大田栽培技术获得

图5-7　人工栽培群生羊肚菌

图5-8　人工栽培丛生羊肚菌

突破性进展发挥了重要作用。

三、营养包作用机制探讨

从对野生羊肚菌生活环境的大量调查可以看出,在一定的气候环境条件下,只要有适宜的温度、湿润的土壤,就可能会有羊肚菌发生。在自然条件下,羊肚菌的发生对营养物质的依赖程度并不是很大。此外,大量野外调查也表明,许多野生羊肚菌发生区,土壤反而相对贫瘠。

从羊肚菌人工栽培的大量实践来看,外源营养方式结合优良的栽培种,是羊肚菌栽培获得巨大成功的主要因素。其中,外源营养供给方式,更是一项关键举措。从羊肚菌产量与外源营养的关系来看,羊肚菌的产量与营养包的数量成密切的正相关关系,较高的产量对应于较多的营养包数量。据近几年的生产实践,经粗略估算,对以小麦为主料的营养包配方,羊肚菌栽培的生物学效率为15%~50%,表明羊肚菌的营养转化能力较弱,且对碳源、氮源以及矿质养分的需求比一般食用菌的要高。

综上所述不难看出,羊肚菌在长期的进化过程之中,形成了本身自有的生物学特征,即从营养生长转为生殖生长的特殊营养供给方式,即"穷窝富养"的营养供给方式。从菌核形成的现象分析,营养包充足的营养供给,既是促使菌核形成的要素之一,也是向菌核提供大量营养的必要渠道。

应当看到,在羊肚菌从营养生长转为生殖生长之时,以及子囊果的生长发育阶段,都需要充足的营养供给,而这种营养供给的途径,很大一部分来自大量菌核体的输送,菌核可以迅速地把自身储存或储备的养分输送到顶端。由此可见,菌核起到了一个既是营养中转站,又是营养蓄水池的重要作用。

对于羊肚菌生长的土壤,即羊肚菌的"窝"或"家",一般性的土质或许更适宜羊肚菌的生长。如果土质过于肥沃,菌丝体舒适地处于一个丰足的营养环境之中,则难于由营养生长转为生殖生长;而在土质相对贫瘠的情形下,虽然菌丝体有着由营养生长转为生殖生长的生物需求,但由于养分的供给严重不足,同样难以发育为成熟的子实体。

因而,既能满足羊肚菌生长发育对营养的需求,又不使营养过剩,是羊肚菌外源营养包的作用机制。

第六章　羊肚菌栽培作业典型设计

第一节　设计依据

一、栽培地区自然条件

（一）区域气候条件

栽培地区为华北平原,属暖温带大陆性半湿润季风气候,四季分明。春冬两季少雨多风,夏秋两季高温湿热且降雨集中,春旱夏涝现象比较突出。多年平均降水量为 500 ~ 700 mm,降水量年际变化大,年内分配不均,年内降水量多集中在汛期,6 ~ 9 月期间降水量占全年总降水量的 60% ~ 75%。多年平均水面蒸发量 800 ~ 1 500 mm;多年平均气温 10 ~ 15 ℃,最高年平均气温 18 ~ 22.0 ℃,最低年平均气温 6 ~ 8 ℃,历年极端最高气温约 41 ℃,最低气温约 -20 ℃。日照约 2 500 h,风力一般较低,为二至三级,主风向以南北风为主,多年平均风速 2.9 m/s,最高达 24 m/s。多年平均无霜期 180 ~ 220 天,最大冻土深 45 ~ 60 cm。

（二）栽培场地条件

一般沙壤性土质,相对贫脊,有机质含量较低。近年内无羊肚菌或其他食用菌栽培史,近 3 年无除草剂使用史。

在条件许可的情形下,为减少病虫害,栽培场地应尽量采用年间轮作、水旱轮作或休耕的种植模式。

栽培设施为一般性大棚,大棚面积 2 ~ 4 亩。大棚结构内层为遮阳网,中间层为塑料薄膜,外层为保温棉被。

(三)菌种生产

引进羊肚菌优良母种,自行组织生产原种和栽培种。为降低种植风险,在原种生产阶段应进行出菇试验,或验证其形成分生孢子的特性,如发现不能形成分生孢子,就应及时调换栽培母种。

二、总体思路

羊肚菌栽培须因地、因时、因人制宜,要顺应天时,切合地利,依据当地的气候条件与特点,结合自身的管理水平和投资能力,科学合理地确定栽培模式、栽培规模和预期目标。

要坚持绿色发展、生态种植的理念,对病虫害应以预防为主。在播种之前,采用翻耕暴晒、撒播生石灰等方法,进行必要的消毒灭菌处理;在播种之后,应尽可能多地采用加强管理的方法,如适度增加通风、合理降低湿度、黑光灯诱杀和粘虫板等物理手段,避免或降低病虫危害。

以稳产、优质、高效为目标,应繁中求简,优化程序,减少环节,降低投入,减少成本,从而达到优质高效的目的。

三、营养和环境条件

(一)营养条件

羊肚菌为营腐生真菌,所需要的营养物质包括碳源、氮源、矿质元素和维生素等。添加外源的营养供给方式,是羊肚菌稳产高产的主要技术手段。经这些年来的大量生产实践估算,对以小麦为主料的外源营养包,羊肚菌栽培的生物学效率为15%～50%,表明羊肚菌的营养转化能力较弱,且对碳源、氮源以及矿质养分的需求比一般食用菌要高。

生产实践表明,外源营养包通过菌丝体输送养分的有效距离约20 cm。因而,营养包的用料配方、摆放方法、摆放数量,应在充分考虑此传送距离的情况下进行设计。

（二）环境条件

1. 温度

羊肚菌属典型低温型真菌。菌丝的生长温度为 0～28 ℃，适宜生长温度为 10～18 ℃，最高以不超过 25 ℃ 为宜。低于 0 ℃ 停止生长，可耐 -30 ℃ 极限低温；高于 28 ℃ 停止生长或死亡。

子囊果生长温度 5～25 ℃，适宜温度为 10～18 ℃。地温低于 5 ℃，原基或幼菇会受冻害死亡；地温超过 20 ℃ 或环境温度超过 25 ℃，则会无新的原基形成。孢子萌发温度在 15～25 ℃；孢子的弹射条件为温度 20～25 ℃，通风、有光或黑暗。

环境最高温度低于 20 ℃ 是适宜的田间播种温度；在稍晚季节播种，比如环境最高温度低于 15 ℃，则更有利于降低杂菌感染。

2. 水分

在菌丝营养生长阶段，对土壤的含水量要求不很严格，相对含水量为 50%～70% 都能生长，但以 55%～60% 较为适宜。

在原基形成和子囊果发育阶段，土壤相对含水量应为 60%～65%；出菇期间空气相对湿度在 80%～95%，有利于子囊果的生长发育。

3. 光线

羊肚菌菌丝营养生长阶段不需要光线，强光对菌丝生长具有抑制作用。微弱的散射光有助于原基形成和子囊果的生长发育。在子囊果整个生长发育过程之中，应避免强光直射。

虽然菌丝生长不需要光线，但对子实体的生长发育是一个不可忽视的重要因素。光线能提高菌丝细胞的分裂活性，分枝旺盛，膨胀、厚壁化、胶质化等，各种变化综合的结果，将导致菌丝组织的形成，即子实体原基的出现。由此可见，在一定的条件之下，散射光也可作为催菇的一种手段。

4. 酸碱度

pH 在 6.5~8.5 的中性或偏碱性土壤有利于羊肚菌的菌丝生长。羊肚菌对土质的要求不高,在一般性的壤土、沙壤土、轻腐殖土、黑黄色壤土或沙质混合土中,都能正常生长发育。

5. 空气

羊肚菌属于好气性真菌。在菌丝营养生长阶段,对空气不甚敏感;在子实体生长发育阶段,对空气则较为敏感。

羊肚菌的菌丝在营养生长期间,可以耐受较高的二氧化碳浓度,对于空气质量要求较低。在原基分化后,新鲜空气有助于子囊果的快速发育;通风不好常造成子囊果畸形、菌柄加长、菌盖变小。另外,在幼菇生长发育阶段,过强通风产生的环境扰动,又常会引起幼菇死亡。因此,应针对羊肚菌的不同生长发育阶段,进行轻重不同且有所侧重的通风管理工作。

第二节　栽培作业流程设计

在羊肚菌栽培过程中,要精准施策,优化作业,简化管理。在羊肚菌的整个生长期间,从菌丝分化形成原基到幼菇发育初期,是羊肚菌栽培管理最为重要的关键环节,要紧紧围绕这一重点阶段,抓好此前、此中和之后的管理工作。

第一步,栽培土地整理,撒生石灰粉,旋耕土地;

第二步,播种覆土;

第三步,浇大水,晾厢面;

第四步,摆放营养包;

第五步,覆盖地膜;

第六步,催菇前通风晾厢,为催菇做好准备工作;

第七步,浇催菇水,重新覆盖地膜;

第八步,增温保湿,少通风或不通风;

第九步,出菇后掀地膜;

第十步,采收第一潮菇;

第十一步,第二次催菇;

第十二步,采收第二潮菇。

第三节　主要技术参数设计

(1)生石灰粉用量每亩200～400斤,可视实际情况确定;旋耕深度10～20 cm;土地应基本平整,以利后期浇水;畦宽90 cm,畦间隔80 cm。

(2)播种量每亩300～500斤,可视实际情况以及自身投资能力确定;菌种覆土厚度3～5 cm;一般10月下旬到11月上旬,或最高环境温度低于20 ℃时播种。

(3)播种后的浇水应浇足浇透,畦沟应明显见大量积水或一定的积水深度为宜,具体浇水量可视土壤墒情确定。

(4)播种后7～10天,当畦面可见大量"菌霜",或土壤表层出现大量菌丝之时,及时摆放营养包;营养包以小麦为主料,单袋干料质量约500 g,每亩摆放数量约2 400袋。

(5)摆袋后,可覆盖黑地膜,幅宽120 cm,不可压膜太实,以免过分影响透气性。

(6)当春回大地,7天内自然环境最低平均气温在0 ℃以上,地温稳定回升到5 ℃以上时,应及时采取适当手段催菇。催菇方法以浇大水为主要手段,浇水量以漫畦为度。在浇水催菇之前,应充分进行通风换气,为原基分化及出菇做好一定的空气基础条件储备。一般催菇后约7天,土壤表面即可出现原基。

(7)浇催菇水后应密闭栽培棚,增温保湿,棚内气温可控制在约30 ℃,同步进行高温催菇,少通风或不通风,尽力提升地温到15 ℃上下为最佳。

（8）当幼菇长高到 3 cm 以上时，可视天气情况及时掀掉地膜；此后，可视环境条件以及菇苗长势，适时适量通风。

（9）幼菇出土后，一般 20 天之后生长成熟，开始采收；

（10）第一潮菇结束后约 15 天，可将撤除营养包以及结合浇大水等措施，作为第二潮菇的催菇手段运用。

第四节　温度、水分、通风和光线管理

一、温度管理

食用菌都有各自适宜的温度范围和最适温度，这是其在长期的生物系统发育过程中自然选择的结果。在最低温度与最适温度之间，菌丝的生长速率随温度的上升而加快；在最适温度与最高温度之间，菌丝的生长速率随温度的上升而降低。最低、最适与最高温度三者连接的曲线形状，呈一个抛物线关系。

温度应针对不同的季节、不同的生长发育阶段进行管理。在发菌期，这个季节地温与棚内气温差别不大，应以控制棚内温度不可过高为主要管理思路，白天大棚气温控制在 20 ℃以下为宜，夜间注意适当保温即可。摆放营养包后的大部分时间已处于冬季，一般不再需要进行温度管理，可在大棚保温的条件下自然过冬。

在浇催菇水前后的一段时间，这个季节地温与棚内气温差别较大，应以提升地温为主要管理思路。既使白天棚内温度高达 30 ℃，但土壤温度与土表温度并不会很高，大多在 15 ℃上下，并不会对原基造成伤害。要借晴好天气之时，尽量提高棚内的温度，利用土壤的良好热储性能，增强抵御寒潮袭击的能力。

在出菇期，环境温度已逐步回升，但昼夜温差、气候变化有时仍会较大，夜间应注意保温，以不低于 5 ℃为最低限度；此时，白天不可温度过高，以不高于 20 ℃为宜；气候变化大时，要加强对寒流的防护。

二、水分管理

羊肚菌属喜湿型真菌,从播种到收获的整个生长期,基本上都需要保持土壤表层处于一个较为湿润的状态。

水分是菌丝生长的重要条件,一方面,菌丝细胞降解基质和吸收营养,都需要以水为介质。没有水分,菌丝就不能降解基质,基质中的营养成分也不能被菌丝吸收。另一方面,培养基中含水量的多少,又影响着培养基质的透气性,含水量高,则透气性低,菌丝将得不到足够的氧气,导致呼吸作用下降,营养生长不良。因此,控制好土壤的含水量,是一项重要的管理工作。

在菌丝营养生长阶段,对土壤的含水量要求不很严格,相对含水量为 50% ~70% 都能正常生长,但以 55% ~60% 较为适宜。土壤相对含水量低于 50%,菌丝生长纤细、微弱;土壤相对含水量高于 70%,菌丝将会停止生长。

在原基形成和子囊果发育阶段,土壤相对含水量应在 60% ~65%,当土壤干燥时应及时进行补水,以保持适宜的土壤含水量。

出菇期间,空气相对湿度为 80% ~95%,有利于子囊果的生长发育。但需要特别注意的是,当遇到高温天气时应加强通风,尽量降低棚内空气湿度,以免因高温高湿造成病害爆发。在适宜的湿度范围内,维持一个相对较低的空气湿度,有利于防止病害大面积发生。

水分管理应以良好的基础水分建立为主要管理思路,即俗话说的只要"底水足",后期的水分管理也就好做了。通过播种、催菇这两次浇大水,或还有一次封冻时节的"浇冻水",把基础水分夯实扎牢,平时水分管理应删繁就简,以轻喷水的方法经常保持土壤表层一定的湿润度即可。

在原基分化、幼菇形成的这一段时期,在前期基础水分建立的条件下,一般应以密闭保湿为主要管理方法,不可随意喷水保湿,否则可能会造成幼菇死亡;待幼菇长高到 3 cm 之后,方可采用轻喷水保湿的方法。

三、通风管理

在发菌期和养菌期,虽然菌丝对空气不甚敏感,但良好的通风可以减少病害发生。在浇催菇水之时,须对菇棚进行一次彻底通风换气,为出菇初期建立一定的基础空气条件。

在出菇期,幼菇长高到 3 cm 之前,一般不应通风。生产实践表明,羊肚菌原基形成后的不当通风,会造成原基和幼菇大量死亡。由于此阶段对氧气的需求量尚少,密闭大棚不进行通风换气,并不会因棚内空气的问题,而影响原基的形成与分化。在此之后,可适时加强通风管理工作。

在出菇的中、后期,随着环境温度的升高以及生物体需氧量的迅速增大,应把通风作为主要手段,科学合理地加强棚内的通风管理工作。

此外,棚内良好的空气新鲜度和流动性,有利于降低羊肚菌早期的病虫害,尤其利于减少羊肚菌的杂菌感染。因而,在统一协调通风与水分管理的情况下,分不同生长发育阶段、有针对性地加强通风换气管理工作,也是减少病虫害发生的重要举措之一。

四、光线管理

羊肚菌从播种到出菇前这个阶段,不需要光线,较强光线对菌丝生长具有抑制作用。因此,在大棚有遮阳网的情形下。这个阶段可以不考虑光线管理。

在出菇阶段,散射光或稀疏的光线,有助于原基形成和子囊果的生长发育,在子囊果整个生长发育过程之中,都应避免强光直射。

虽然菌丝生长不需要光线,但对子实体的生长发育是一个不可忽视的重要因素。适宜的光线能提高子囊果的品质、品相、品味,促使菌柄粗壮,肉质厚实,菌帽硕大,色泽鲜亮,是培育优质羊肚菌的重要条件之一。

由于光线能提高菌丝细胞的分裂活性,导致菌丝组织体即原基的形成,因此在一定的条件之下,散射光或稀疏的光线,也可作为催菇的一种辅助手段。

第五节　栽培作业组织设计

一、种植模式

北方地区种植羊肚菌,多采用晚秋种、冬眠、春收的种植模式,这种模式最大的特点是羊肚菌菌丝在土壤中要经过一个漫长的低温休眠阶段,菌丝通过这个阶段的休养生息,可能更有助于提高羊肚菌的品质与产量。这类似于农作物的"春化作用",也就是说,羊肚菌经过春化作用,可提高其品质和产量。羊肚菌有无春化现象,还只能是一种"假说",或者仅是一种间接的推测。

目前,中国栽培的羊肚菌品种,主要是六妹、七妹和梯棱,这三个品种都属于黑系羊肚菌系列,野生种大都分布在温带和寒温带,从生物的系统发育来看,这些品种应该更适合北方地区栽培。

北方地区栽培羊肚菌多采用设施化种植,无论是采用暖棚、冷棚,还是采用小拱棚,羊肚菌生长的环境条件在一定程度上是可控的,所以成功率较高。南方栽培羊肚菌,大多采用只有一层遮阳网搭建的平棚,一旦遇到大风、雨雪、寒流,就有可能对羊肚菌生产造成致命危害。所以,这种靠天吃饭的羊肚菌种植模式,成败完全凭运气,一旦遇到极端天气,更易造成种植失败,所以成功率较北方的为低。

　　通过羊肚菌的栽培实践发现,往往播种晚的比播种早的产量更高,也就是说低温播种更容易高产。所谓低温播种,就是播种时自然环境最高气温在 15 ℃ 以下,甚至更低的温度,低温播种往往有如下两个特点。

　　(1)菌丝不易老化:羊肚菌属于嗜冷性真菌,加上目前国内商业化的栽培品种多来自于高海拔寒冷地区的黑系种类,也就是说,它们的祖祖辈辈都生活在寒冷地区,早已适应了原生地的寒冷气候,适宜的低温环境更适应菌丝的生活环境。另外,低温发菌的情形下,菌丝生长更加健壮,也不易产生老化现象。

　　(2)杂菌污染率低:污染羊肚菌营养包以及地表的杂菌多为高温性霉菌类,低温播种使得这些杂菌的生长受到一定程度的抑制。而羊肚菌为低温型食用菌,在低温条件下,菌丝能快速生长形成优势,从而压制了霉菌的生长。因此,低温季节播种使得营养包中的菌丝更加健壮茂盛,不易老化,从而可同化、分解、传送、利用更多的营养物质,这就为羊肚菌的高产打下了良好基础。

二、菌种混播技术

　　尽管我国的野生羊肚菌物种有 30 多个种群,但用于人工种植的品种目前主要有三个菌株,即六妹、七妹、梯棱。有研究表明,这三个菌株之间不存在生殖隔离(不亲和性),相互之间菌丝可以进行融合,说明这三个菌种亲缘关系较近,并不是分类学上真正意义上的"种"与"种"之间的关系,而是同一种群的不同株系。所以,在生产实践中,可以将两个以上的羊肚菌栽培种混合在一起播种。通过羊肚菌的生产实践发现,羊肚菌各菌种的混合播种,原基形成的数量并不受影响,完全可以获得高产。同时发现,多菌种混播往往在畦面的分布比较均匀,很少出现一簇一簇的现象,对产量也没有明显影响。

　　羊肚菌混播的最大好处是,能保证羊肚菌出菇,避免单一菌种播种,因菌种不孕而带来的经济损失。

三、浇水催菇技术

采用浇大水的方式,以此传达开启生殖阶段的生物信息,促使羊肚菌从营养生长转为生殖生长的手段,称为浇水催菇技术,在有条件的情况下,浇水催菇应与高温催菇同步进行。

在春回大地后,当一周内自然最低平均气温在 0 ℃以上,以及棚内土壤最低温度在 5 ℃以上时,就可以浇催菇水了。

这次催菇水要一次性让土壤"吃饱喝足",为后期出菇建立良好的基础水分。催菇水可改变土壤的密闭性和渗透压,从而刺激菌丝体从营养生长到生殖生长的转变,还有利于出菇整齐。浇催菇水的时间宁早勿晚,如果在大量原基形成后再浇催菇水,将对羊肚菌产生很大危害,会影响羊肚菌原基的进一步形成与分化。生产实践表明,羊肚菌原基形成后低温喷水,会造成原基和幼菇大量死亡。

在浇催菇水之前,应首先进行通风换气,这同时还可起到晾厢的作用,使土壤表层短暂失水,然后再浇大水催菇,则刺激催菇的效果会更为明显。

在未覆盖地膜的情形下,通过大棚通风晾厢后,直接浇大水催菇,浇水量可以漫畦,也可以畦沟内有较深积水为度,应视土质情况灵活掌握。沙质土壤透水性强,可以大水漫畦;黏质土壤透水性差,应适当降低浇水量。

在覆盖地膜的情形下,应先揭开地膜晾厢,然后按以上所述方法进行浇水作业,浇水后须再重新覆盖好地膜。晾厢使长久捂在膜下的菌丝体突然接触到新鲜空气,从而具有叠加催菇的作用,更有利于菌丝体进入生殖生长。

四、高温催菇技术

所谓高温催菇,是指在地温较低的情形下,比如小于 5 ℃,采用抬高棚内空气温度达到 30 ℃左右,促使地温快速上升,以此传达开启生殖阶段的生物信息,从而达到菌丝体分化形成原基的催菇方法。一般可与浇水催菇同步进行,也可单独作业。

这样一个温度在过去被误认为是羊肚菌原基与幼菇的死亡温度,一般不敢采用这样的高温方式进行催菇。其实不然,华北地区冷棚种植的催菇时间大约在立春前后,此时棚内的地温仍然较低,大多在 5 ℃下,棚内的地温与气温差别很大。既使白天将棚温提高到 25~30 ℃,地温仍然会在 15 ℃以下,并不会对土壤的菌丝与原基造成任何热害。而与之相反,高棚温能够快速提升地温,使地温较快上升到 10 ℃左右。在遇到寒流的情形下,由于土壤有良好的热储备性能,较高的土壤温度能在一定程度上降低冻害的影响。

如上所述,高温催菇既能达到提前出菇的目的,又可避免突然的寒潮天气对幼菇的伤害,还会减少后期高温造成的热害,可谓一举多得。此外,催菇期间地温的快速提升,能保证原基较快速地分化并进一步生长发育至 3 cm 以上,这样就能够更快地翻越 3 cm 以下的风险区。

如果在催菇时,白天把棚内温度控制在较低的 20 ℃,会使地面温度上升过于缓慢,土壤温度在 5 ℃左右徘徊,原基虽然可以大量形成但很难进一步分化,最后往往会败育死亡。

在白天晴好天气进行高温催菇时,应选择午后环境温度高的时段通风换气,以免高温高湿导致杂菌侵染。同时,还要注意做好大棚的夜间保温工作,以更好地达到有效提升地温的目的。

在原基形成后须立即结束高温催菇阶段,同时密切注意观察地表温度和土壤温度的变化,如果地表温度已接近了 18 ℃,则要及时采取措施降低棚内气温。

五、覆盖地膜技术

覆盖地膜技术,即在播种之后,用黑色或白色农用地膜将厢面覆盖,从而给菌丝体在地膜下面提供一个相对湿润、安静、温暖的小气候。覆盖地膜的作用,一是可以保持土壤表面湿润,为羊肚菌生长发育创造一个良好的湿润环境;二是可以有效抑制杂草丛生、苔藓蔓延;三是可以压制大量分生孢子的产生,避免一些不必要的营养消耗。

在实际生产中,一般多选用黑色地膜。如果大棚设有遮阳网或遮阴效果良好,也可以选用白地膜。

膜幅宽度一般不宜过宽,以能全部覆盖畦面稍有余量为度,以免过分影响透气性。比如在畦宽 90 cm 时,可选用幅宽 120 cm 的地膜。在用土压膜时,可断续分段压实,留有一定的进气空隙。

覆盖地膜要优化作业,一般可在摆放营养包后覆盖地膜,待幼菇长高到 3 cm 以上时再除膜,这样可避免反复作业,以免浪费大量的人力、物力。由于地膜与营养包之间保持了一个湿润的小气候,有利于原基的形成与进一步发育。

在覆盖地膜期间如果确需浇水,应尽量不要全部掀开地膜,可以大水漫畦后以膜下侵入的方式作业,或者直接以灌畦沟的方式进行浇水作业。当然,也可以掀开地膜进行浇水,然后重新覆盖地膜。

大量羊肚菌种植实践表明,在土壤含水量适宜且地膜覆盖的情形下,地温一旦回升后,羊肚菌原基自然就会大量形成并分化。这也在一定程度上减少了瞎浇水、乱浇水的情形发生。因为浇大水催菇的最佳时机较难把握,非早即晚,更为致命的是在土壤表面已经出现形成原基的迹象(土块之间有挂满水珠的蜘蛛网状菌丝出现)时浇大水,还很有可能会影响到原基的进一步正常形成,造成更大的损失。

第七章　重茬障碍及常见病虫害

第一节　羊肚菌重茬障碍

　　羊肚菌和其他食用菌及农作物一样,也有较为严重的重茬障碍现象。所谓的重茬障碍,是指在同一塑料大棚或地块中,由于连年、不间断种植羊肚菌,所引起的羊肚菌子囊果生长发育不正常、产品质量下降、病虫害严重、产量降低的现象。生产实践表明,重茬次数越多、年头越长,重茬障碍现象就越严重。一般来讲,黏性土壤的重茬问题重于沙性土壤的。

　　一、羊肚菌重茬障碍的原因

　　(1)羊肚菌的自毒作用:在羊肚菌的营养生长和生殖生长过程中,羊肚菌的子囊果和菌丝体会分泌或释放某些物质,对下茬羊肚菌的营养生长和生殖生长产生抑制作用,称为羊肚菌自毒作用。自毒作用在双孢菇、平菇等食用菌中也是一种普遍存在的现象。

　　这些物质到底是什么、作用机制如何、在羊肚菌的系统发育中有何意义等问题,目前还不十分清楚。

　　(2)微生物种群变化:经羊肚菌的多次种植,会使土壤中的某些有益微生物减少,有害微生物却积累增加,导致羊肚菌种植过程中的病害严重。

　　(3)害虫增加:羊肚菌的栽培使土壤及周边环境中害虫密度增加,造成羊肚菌生长发育过程中的虫害严重。

　　(4)矿质元素变化:在种植羊肚菌后,使土壤中原有矿质元素种类与含量发生变化。羊肚菌的生长发育对土壤中矿质元素的吸收具有选择性,连年种植羊肚菌,将使土壤中某些矿质元素的含量下降或缺乏,不再能满足羊肚菌对某些元素的需求,易出现生理性病害,最终导致羊肚菌品质与产量下降。

二、解决重茬障碍的方法

(1)浸泡土壤:南方地区栽培羊肚菌,多采用水稻与羊肚菌轮作的办法,用大水浸泡来解决羊肚菌的重茬问题,取得了较好效果。

(2)与农作物轮作:北方地区羊肚菌种植结束后,可采用种植生物量较大的农作物或蔬菜,来解决羊肚菌的重茬障碍。需要说明的是,种植的作物或蔬菜其生育期要短,不能影响下一茬羊肚菌的播种时节。此外,无论种植何种作物,都应避免使用除草剂,以免影响羊肚菌的正常生长发育。

(3)高温与晾晒:塑料大棚种植羊肚菌结束后,可采用大棚密闭高温闷杀的办法,持续高温闷杀 5~7 天,以杀灭土壤中的杂菌及虫卵。其后,在大棚通风的情况下,翻耕土壤后晾晒,以尽量恢复种植前的生态环境。

(4)农药杀虫:羊肚菌播种前 20 天,按相关说明在土壤表面施用农药辛硫磷,然后进行旋耕,可有效杀灭土壤中的害虫。

(5)浇大水:在北方地区有条件的地方,可在田地或塑料大棚内浇大水,时间越长越好,也能起到一定消除重茬障碍的作用。

(6)撒生石灰:有些地区的多年种植经验表明,采用播种之前撒播生石灰的措施进行消毒灭菌,对于降低病害、减轻虫害成效明显。生茬地一般每亩用量 200 斤以上,重茬地每亩用量 400~600 斤或以上。

第二节　常见病害及防治措施

羊肚菌播种后,有时在土壤表面会出现许多杂菌,营养包有时也会出现各种颜色的杂菌感染。在出菇之前,链孢霉是主要杂菌污染之一,常见于土壤地表以及营养包内,严重时会大面积成片出现或长满整个营养包,阻碍原基的形成和出菇。在出菇之后,白斑病是羊肚菌的主要病害之一,常见于子囊果菌帽部分,导致菇体霉变。对于羊肚菌诸如此类的病害,除采取一些适当补救措施外,目前还主要以预防为主。

一、土壤表面出现杂菌

羊肚菌播种后在放置营养包前,有时会在土壤表面看到少量的杂菌斑块,遇到这种情况一般可不用管它,在放置营养包时避开即可。

二、菌种块上出现的杂菌

羊肚菌播种后一周之内,会发现在土壤表面的菌种块或麦粒上普遍长有粉色的杂菌。遇到这种情况,可以肯定菌种本身存在问题,主要原因是菌种生活力衰退或本身带有杂菌。造成生活力衰退的可能原因如下:

(1)菌种培养时温度较高,造成菌种老化,生活力衰退。

(2)菌种长满后没有及时播种,也没有及时放入冷库储藏,从而造成菌种老化,生活力衰退。

(3)菌种运输途中产生了生物热,使菌种内温度升高,造成生活力的衰退。

(4)菌种运到目的地卸车后摆放方法或保存方法不当,出现高温造成生活力的衰退。例如2019年11月上旬,在河南周口某地,外地菌种运来后,装有菌种的编织袋单层摆放在野地里,为了降温专门加盖了遮阳网。后来发现遮阳网下面菌种的温度达到了25 ℃以上。

在此,有必要提醒大家,种植羊肚菌有上百个环节,任何一个环节出现了问题,都有可能造成不可挽回的损失或失败。因此,要求广大的羊肚菌种植者,特别是羊肚菌种植新手,一定要用如履薄冰的心态来种植羊肚菌。

还有一种情况,发现土壤表面有的菌种萌发的很好,菌丝生长正常,而有的菌种块上和单个的麦粒上长有杂菌。造成这种情况的原因有两个:一个原因是有部分菌种带杂菌或菌种老化。遇到这种情况,如污染菌种比例不大,可不用处理,只是放置营养包时将其避开。另一个原因是羊肚菌菌种没有长满菌丝,没有菌丝的麦粒或菌种料块自然会长杂菌,遇到这种情况,也只需同样避开就可以了。

如果菌种块上大量生长杂菌,可视不同的情况采取以下不同的方法处理:

第一种情况,土壤表面的菌种长有杂菌,而土壤下面的菌种未有杂菌,菌丝生长正常。出现这种情况的原因是菌种虽然有一定程度的生活力衰退,但仍有一定的活性,在土壤中能正常萌发及生长。为何同样的菌种,在土壤中不长杂菌还能萌发及生长,而土壤表面的菌种却长杂菌呢? 原因是土壤中的菌种虽然生活力有一定程度的衰退,但菌种仍有一定的活力,再加上杂菌在土壤中的生长受到抑制,所以土壤中的菌种仍可正常地萌发及生长。遇到这种情况时,在放置营养包时,应将放置营养包部位的表层土壤连同上面的菌种除掉,再将营养包放上。

第二种情况,土壤表面菌种全部长有杂菌,土壤中的菌种不萌发或少量萌发,土壤中羊肚菌菌丝稀少。遇到这种情况,说明菌种生活力衰退严重,应将种植畦面用微耕机旋耕一遍后,重新播种进行补种。

三、营养包污染原因分析与处理方法

羊肚菌播种以后，一般情况下7天之内就会放置营养包。羊肚菌营养包放置后，如果环境条件合适，两周之内羊肚菌的菌丝可长满营养包。

关于营养包的杂菌问题，坦率地讲在我国羊肚菌种植中是普遍存在的现象，只是杂菌污染轻重的问题。目前，无论是南方，还是北方，对于多数羊肚菌种植者来讲，营养包是否出现杂菌污染及污染程度的轻重，完全凭运气，还没有一套从理论到实践科学的羊肚菌营养包防治污染技术流程。

羊肚菌是否感染杂菌及感染程度的轻重，对羊肚菌的最终产量影响很大，应引起羊肚菌种植户的高度重视。

（1）杂菌种类：杂菌是在羊肚菌的菌种生产与大田种植过程中出现的其他微生物。应该说污染其他食用菌品种的杂菌，基本上也都是羊肚菌种植过程中常见的杂菌。羊肚菌营养包的杂菌主要有绿霉、木霉、青霉、毛霉、链孢霉等。这里需要说明的是，细菌和酵母菌更是羊肚菌营养包最常见的杂菌，几乎每袋营养包都有它的身影，因为细菌和酵母菌在羊肚菌营养包内太常见，但对羊肚菌种植影响不大，所以一般可不考虑。

营养包是一个开放的系统，造成羊肚菌营养包感染杂菌的原因有很多种情形。例如灭菌时不彻底，原料发酵质量不好或原料没发酵，棚内高温高湿，扎破或老鼠咬破营养包，营养包做好后没有及时摆放，土壤表面菌丝太少等，都有可能造成羊肚菌营养包的杂菌感染。如图7-1所示，为链孢霉污染的情况，严重时不但土壤表层大面积出现，还会长满整个营养包。

（2）根据杂菌污染情况采取不同的应对措施：

羊肚菌的菌丝在营养包内的生长，有一个从量变到质变的过

图 7-1　营养包感染杂菌的情况

程。羊肚菌营养包割口摆放到土壤表面后,如果温度条件合适,十几天就会长满整个营养包。在这个过程中,营养包内的菌丝颜色刚开始为白色,逐渐变成土黄色,最后变成褐色或铁锈色。随着菌丝在营养包内的生长,逐渐分解、吸收、传输营养包的营养到土壤的菌丝体或菌核中。一般营养包长满菌丝后,菌丝会逐渐开始老化,生活力逐渐衰退。此后,杂菌开始在营养包内生长,这样的杂菌感染对羊肚菌影响不大,生产上一般可不用管它。

　　如果生产上前期有很少数量的羊肚菌营养包出现杂菌,一般也不采取任何措施,也不用将感染杂菌的营养包移出棚外。

　　如果发现前期营养包感染数量较多,但每个出现杂菌的营养包杂菌面积很小,只是一个或几个杂菌斑块,遇到这种情况也不用进行处理。

　　如果营养包摆放后半月之内,便出现大量的杂菌严重污染,应马上分析污染原因,或需考虑重新制作及摆放营养包。

　　有必要指出的是,如果营养包出现杂菌,无论杂菌多与少,重与轻,均不要试图采用撒石灰或喷洒化学药品的办法来消灭营养包产生的杂菌。

目前,控制杂菌污染营养包最有效的办法,是在制作羊肚菌营养包时,对粗料进行充分发酵以及进行营养包摆放后的低温发菌。2019 年,作者在新疆库尔勒以棉籽皮为粗料制作羊肚菌营养包,后期棉籽皮没有进行发酵,由于发菌温度较低,营养包并没有出现杂菌感染的情形。

四、羊肚菌白斑病

白斑病是羊肚菌栽培过程中最为常见的主要病害之一,在温度偏高时易于发生,极易于传播扩散,危害甚大。如图 7-2 所示,该病常见于子实体菌帽部分,不但会严重影响羊肚菌的品质,还会造成严重减产。有人认为,其病原菌基本上与前面所述的营养包杂菌感染一样,同属链孢霉病菌感染;也有人认为,其病原菌是拟青霉属的一个物种。

图 7-2　羊肚菌白斑病

第三节　常见虫害及防治措施

羊肚菌从播种到出菇之前的营养生长阶段以及子囊果生长发育期,虫害是生产中须经常面对的问题,常见虫害主要有蛞蝓、跳虫、螨虫、菇蚊、土白蚁等。从某种角度来看,虫害对羊肚菌的危害还要大于杂菌感染,特别是营养包内出现的虫害,更是让人非常头痛的问题。因为一旦营养包内出现虫害,很难找到有效的办法进行杀灭。

如果土壤或营养包内出现害虫,这些害虫往往会啃食菌丝体、原基和子实体,从而严重影响羊肚菌的正常生长发育,以致造成减产。

一、出现虫害的原因

造成虫害大量繁殖的原因主要包括如下几方面:
(1)土壤或表面大颗粒有机物较多;
(2)播种前土壤未经杀虫处理;
(3)羊肚菌大棚四周虫口密度较大;
(4)播种前土壤没撒石灰;
(5)播种后温度太高;
(6)营养包没加防虫药。

二、主要预防办法

(1)严格播种时间,宜晚不宜早;
(2)播种前土壤进行杀虫和撒石灰处理;
(3)减少土壤有机物;
(4)清理大棚周围杂草及进行杀虫处理;
(5)营养包拌料时加入防虫药物;

（6）在棚内张挂粘虫板，防治菇蝇，如图7-3所示。

图7-3　粘虫板防治菇蝇

三、常见虫害防治措施

（一）螨虫

螨虫喜栖温暖、潮湿的环境，繁殖能力极强，一旦发生，容易爆发成灾，是羊肚菌栽培最易出现的害虫之一。它体形较小，肉眼不易看见，其形状似红蜘蛛，主要危害菌丝体，使菌丝生长受阻，无法形成子实体。它还能危害幼菇，使其生长缓慢，易形成畸形菇。

羊肚菌播种后若发现螨虫，应及时施药防治。可用 1 000 倍杀螨灵 1 号，喷洒湿润的表土层，也可用 50% 辛硫磷 1 500 倍液喷洒。

大棚内栽培羊肚菌，出菇期发现螨虫，每立方米空间用磷化铝 10 g（3 片）密闭熏蒸。也可以用毒饵诱杀，即用醋 1 份、糖 5 份、敌敌畏 10 份，拌进 84 份烤至焦黄的细米糠或麦麸中，拌均匀后撒在畦间四周诱杀。

（二）蛞蝓

蛞蝓又叫鼻涕虫或蜒蚰虫，是一种身体裸露、无外壳，有两对触角的软体动物，喜欢生活在阴暗潮湿的草丛、枯枝落叶及栽培料内，惧光怕热，夜间出来活动觅食，咬食子实体时留下白色黏液，玷污子实体。

为防治蛞蝓，可采取如下措施：第一，可经常铲除畦面及四周的杂草，消灭寄生源。第二，在夜间用手电灯检查畦床，进行人工捕杀。第三，在蛞蝓经常活动的地方撒些石灰粉或草木灰，或者喷洒 0.5% 的五氯酚钠水溶液，驱杀蛞蝓，阻止入侵菇棚。

（三）菇蚊

菇蚊幼虫蛀食菌丝、子实体和营养料，导致菌丝衰弱，菇蕾枯死。菌帽被蛀后，残缺不全或形成畸形菇。

为防治菇蚊，可采取如下措施：第一，栽培场地及四周不宜堆沤肥，菇棚通风口要安装窗纱，并在通风口、菇棚内及四周挂敌敌畏棉球。第二，及时清除伤菇、死菇、畸形菇，并连根挖除销毁。第三，成虫发生高峰期，用 80% 敌敌畏 800 倍液喷雾，隔 4 天喷 1 次，连续喷 2 次。

（四）跳虫

跳虫喜欢阴湿、不卫生的环境，是一类能弹跳的无翅小型昆虫，体长一般不超过 5 mm，常集中在菌帽表面取食，虫量大时一个菌帽上可达数百头，好似菌帽上落了一层灰，故又叫烟灰虫。

为防治跳虫，可采取如下措施：第一，改善菇棚四周的环境卫生，防止积水、过湿等。第二，用 50% 马拉硫磷 1 500 倍液或 40% 杀螟松 1 500 倍液进行喷洒。第三，用 0.1% 鱼藤精或除虫菊酯喷杀。

需要指出的是，出菇期喷洒农药，如果选择药品或用量不当，有可能对菇体造成伤害，一般情况下不提倡出菇期施用农药灭虫，如图 7-4 所示。

图7-4　喷洒农药造成羊肚菌死亡

四、鼠害

在种植羊肚菌的过程中,鼠害是广大羊肚菌种植者经常遇到的一个问题。遇到鼠害应尽早采取措施进行灭鼠,否则可能给生产带来不必要的经济损失。

羊肚菌播种及营养包放置后,由于菌种和营养包具有的特殊香味,再加上菌种和营养包内含有麦粒等老鼠喜吃的食物,会招来周边老鼠聚集啃食地面上的菌种,咬破营养包的塑料袋,造成不必要的损失。特别是对营养包危害更大,造成大量的营养包破袋,引起各营养包之间杂菌的交叉感染。

2019 年秋冬季,内蒙古的乌审旗、新疆的和静县羊肚菌种植基地,由于老鼠对羊肚菌营养包的破坏,引发了非常严重的杂菌感染。

消灭老鼠一定要及时采取有力措施。灭鼠的方法要"三管齐下",老鼠药、老鼠夹、粘鼠板同时进行。根据多地的经验,粘鼠板对小老鼠比其他方法更为有效,值得推广采用。

第八章　羊肚菌栽培设施

第一节　栽培模式

近几年来,各地涌现出了多种多样的栽培模式,主要有大田矮棚模式、大田拱棚模式、大田连棚模式、温室大棚模式,还有油菜地套种模式、小麦地套种模式、无遮盖模式、田埂荒地模式以及林下露天模式等。将来,还很可能会出现工厂化室内周年生产模式。

具体采用何种模式栽培羊肚菌,应依据当地的气候条件与特点,因地制宜,量力而行,以能够较好满足羊肚菌生长发育的环境需求为目的。

第二节　栽培棚型

一、大田矮棚

大田矮棚又分为小拱棚和平顶矮棚两种样式,以小拱棚应用最为常见,可分别见图 8-1 和图 8-2。

采用小拱棚种植羊肚菌,造价低廉,操作方便,非常适合在贫困地区推广,是很有发展前景的羊肚菌种植推广模式。

小拱棚种植羊肚菌,应采用先种后建的操作顺序,也就是播种、摆放营养包、覆盖黑地膜、铺设喷灌设施完成后,再开始搭建小拱棚。按这样一个生产程序和步骤,栽培羊肚菌操作十分方便,既省工又省力。

图 8-1 大田小拱棚

图 8-2 大田平顶矮棚

(1)小拱棚的作用:冬、春季气候干燥,空气湿度低,不利于羊肚菌生长发育。为此,可在羊肚菌营养转化包放置后,尽快搭建小拱棚,可以起到较好的保湿、保温作用,利于菌丝生长以及后期原基的形成和发育。

(2)小拱棚的结构：小拱棚要求宽 1.8 m 左右，高 1.1 m 左右，长度不限。

(3)搭建小拱棚的方法：可选用竹片、钢筋、弹性条等制作骨架，再盖一层 8 针加密遮阳网，最后盖一层 8 丝厚的塑料布，并用土将四周压好，以防大风吹开小拱棚。

(4)注意事项：搭建的小拱棚要结实稳定，做到既能抗风又能抗雪。

二、大田高棚

近年来，随着栽培规模的逐步扩大，大田栽培棚已逐渐从矮棚向中高棚、高棚栽培发展。

中高棚的高度一般为 2 m 左右，也可做成连棚形式，更适合人员在棚内进行各项管理工作，如图 8-3 所示。

图 8-3　大田羊肚菌栽培中高棚

高棚的高度一般在 6 m 以上，也可做成连棚形式，既适合人员在棚内进行各项管理工作，又具有对羊肚菌生长发育环境条件进行一定调节的能力,如图 8-4 所示。

图8-4　大田羊肚菌栽培高棚

三、保温大棚

保温大棚多为北方地区采用,它是在各类羊肚菌栽培棚的基础之上,再加盖保温材料,如棉毡、棉被等物品,一是可以起到提高地温,达到早出菇的作用;二是在原基形成以及幼菇生长发育阶段,能够增强抵御气候剧烈变动带来伤害的能力,分别如图 8-5、图 8-6 所示。

四、大田暖棚

暖棚是节能日光温室的俗称,在室内不需加热,即使在寒冷的季节,也能仅依靠太阳光来维持室内一定的温度水平,以满足作物生长的需要,是我国独有的秋冬春温室类型,如图 8-7 所示。

暖棚的前坡塑料布透光面夜间可用保温被覆盖,东、西、北三面为较厚的保温墙体。如按墙体材料分类,主要有干打垒土温室、砖石结构温室、复合结构温室等。北方地区的多数暖棚,棚内田面一般还下卧约 90 cm,可更利于寒冬季节增加地温,但也有不利于

图8-5　大田羊肚菌栽培保温大棚(图中右起为贾乾义、
毛宗洪、刘春华等,查看羊肚菌菌丝生长情况)

图8-6　大田羊肚菌栽培保温大棚(刘春华与毛宗洪在种植现场)

通风换气的缺点。

暖棚的特点是保温好、具有较好的调温能力,投资低、节约能源,非常适合北方地区晚秋播种、冬季出菇的羊肚菌栽培模式,因而种植效益较高。

图 8-7　大田羊肚菌栽培暖棚

第三节　灌溉设施

羊肚菌大田栽培的灌溉方式,一般选用微喷灌溉方式,主要采用微喷头和喷灌带两种常用设施。

一、微喷头灌溉

采用微喷头灌溉,具有喷洒稳定、360°全圆喷洒、水量分布均匀的特点。微喷头一般有两种安装方式,一种是倒挂微喷头,多用于大棚、花卉、无土栽培等场合;一种是地插式,多用于露天栽培、草坪、景观场合等,操作方便,省工省力,可降低羊肚菌的生产成本。

微喷头采用新型工程塑料,耐磨性强,安装维护简便,价格低廉。可安装防渗漏微型阀,用于倒悬时,有防滴漏功能。可适用于各种硬度的水质,使用寿命长。

配套设施主要有水泵、输水管、阀门等。厂家一般都配套生产各类接插管件,安装维修非常方便。工作压力一般为 0.1 ~ 0.3 MPa,喷嘴直径一般为 0.8 mm、1.0 mm、1.2 mm 多种规格,单个喷头流量约为 60 L/h,喷洒直径为 1.5 ~ 3.0 m。

二、喷灌带灌溉

喷灌带是以低密度聚乙烯为主要原料的塑料薄壁软管,一般壁厚 0.2 mm。通过机械或激光在其一面管壁上打有小孔,孔径一般为 0.6 ~ 0.9 mm,通常分为双孔、三孔、五孔等多种形式。喷灌带直径有 25 mm、32 mm、40 mm 等多种规格,工作压力一般为 0.1 ~ 0.15 MPa。

喷灌带的最大特点是抗堵塞性能强,对水源要求低,采用地下水源时可不用过滤设备;运行水压低,流量较大、灌水时间较短。此外,喷灌带用料少,安装、收藏、运输都较为方便,是目前各种节水灌溉系统中价格最低的一种。其不足之处是喷水不是很均匀,塑料薄壁软管强度低,易损坏、易老化,一般普通型使用寿命为1 ~ 2 年。

配套设施主要有水泵、输水管、阀门等,厂家各类接插管件配套齐全,安装维修非常方便。

第四节　其他设施

其他设施主要指温度、湿度测试仪表、土壤水分测定仪等。简易的有红水刻度式温度计、指针式湿度计等,虽然测试误差较大,但价格低廉,无需电源就能工作,但在采购时应尽量选购测量误差小、价格稍高的产品。在对测试数据要求较高的情况下,可采用水银刻度式温度计,其测量误差较小,测试数据更为准确可靠。

更为高档的有数显式温湿度计,可直观显示温湿度的变化,测试也更为准确。在需求较高的情形下,可采用智能式温湿度记录仪,具有自动定时测量、数据储存等功能,配有 USB 插口以及各类通信接口,更利于日后全面分析、掌握温湿度参数对羊肚菌生长发育的关系以及影响。

一、玻璃棒刻度式温度计

（1）红水温度计：产品尺寸一般为 30 cm×6 mm；玻璃棒内为红色航空煤油，基本工作原理是利用液珠的热胀冷缩带动液柱升降，来显示温度的变化。温度测试范围一般为 −30~100 ℃，测试精度一般为 ±2 ℃。

（2）水银温度计：产品尺寸一般为 35 cm×6 mm；玻璃棒内为水银，基本工作原理是利用液珠的热胀冷缩带动液柱升降，来显示温度的变化。温度测试范围一般为 −30~50 ℃、−10~50 ℃、0~100 ℃等，分度值有 0.1 ℃、0.2 ℃和 0.5 ℃三档，可根据精度要求选择。

二、一体刻度式温湿度计

空气的相对湿度，是指在一定时间内，空气中所含水汽量 d_1 与该气温下饱和水汽量 d_2 的百分比，用 RH 表示，即 RH（%）= d_1/d_2 ×100%。

一体刻度式温湿度计，一般分壁挂和底座式两种。温度测试范围为 −30~50 ℃，测试精度一般为 ±2 ℃；空气相对湿度测试范围为 0~100%，测试精度一般为 ±5%。温度测试为红色航空煤油，空气相对湿度测试常采用机械式湿敏元件。

机械式湿敏元件的工作原理，属长度变化式，即元件能随空气湿度的变化而改变其长度，利用长度变化产生的位移来驱动指针轴，使指针在表盘上移动，从而实现湿度的计量功能。

三、数显式温湿仪

数显式温湿度仪表，是以温度、湿度传感器作为测试探头，进行温湿度测量。温度传感器一般采用热电偶作为测温元件，由测得与温度相应的热电动势由仪表显示出温度值；湿度传感器大多采用将湿度敏感的材料涂敷在电子元件的表面，当湿度变化时，元件中的湿敏材料物理性能变化影响到电子元件的电流或电压,通过电路变换成湿度的变化数值,由仪表显示出湿度值。

数显式温湿度仪的主要技术参数如下:①测量范围。温度 -50~70 ℃,湿度 10%~99% RH。②测量精度。温度 ±1 ℃,湿度 ±3% RH。③显示分辨率。温度 0.1 ℃,湿度 1% RH。④具有℃/℉切换显示、温湿度自动记忆等功能,供电电源一般为干电池或可充式电池。

四、智能式温湿度记录仪

智能式温湿度记录仪,是在数显式温湿度仪的基础之上,测试误差更小,精度更高,增加了自动定时测试、数据长期储存、USB插口及各类数据接口、数据远传等功能,更加自动化和智能化。

智能式温湿度记录仪主要技术参数如下:①误差范围。温度 ±0.2 ℃,湿度 ±2% RH。②测试范围。温度 -40~70 ℃,湿度 0~100%。③存储容量。30 万组。④接口。USB/SD 卡,或 485 接口等。⑤电池类型。可充式电池。⑥探头类型。内置或外置 2 m。

五、土壤水分测定仪

土壤含水量测定较为复杂、困难,测量仪表品种繁多,一些价格低廉的测试仪表原理多为电导式,测量误差较大,仅能作为一般性对比参考,可在要求不高的场合使用。在技术标准要求较高的场合下,可选用以高频电磁波扫描为原理的高周波土壤水分测定仪表,其测量结果为土壤质量含水量。

土壤水分测定仪主要技术参数如下:①测量范围。0~100%。②分辨率。0.1 或 0.01 可选。③探针长度。230 mm。④扫描深度。50 mm。⑤档位转换。0~10 段档位。⑥使用环境。-40~+60 ℃。⑦显示方式。LCD 液晶数字显示。⑧电源。9 V,6F22 型电池。

参 考 文 献

[1] 洪坚平,来航线.应用微生物学[M].2版.北京:中国林业出版社,2005.

[2] 吴国芳,冯志坚,马炜梁,等.植物学[M].2版.北京:高等教育出版社,2011.

[3] 杨清香.普通微生物学[M].北京:科学出版社,2008.

[4] 黄昌勇,徐建明.土壤学[M].3版.北京:中国农业出版社,2017.

[5] 边银丙.食用菌栽培学[M].3版.北京:高等教育出版社,2017.

[6] 马瑞霞,王景顺.食用菌栽培学[M].北京:中国轻工业出版社,2017.

[7] 国淑梅,牛贞福.食用菌高效栽培[M].北京:机械工业出版社,2016.

[8] 袁书钦,武金钟,张建林.大球盖菇栽培技术图说[M].郑州:河南科学技术出版社,2002.

[9] 朱斗锡,何荣华.中国羊肚菌高产栽培新技术[M].成都:四川科学技术出版社,2017.

[10] 谭方河.羊肚菌人工栽培技术的历史、现状及前景[J].食药用菌,2016,24(3):140-144.

[11] 贺新生,张能,赵苗,等.栽培羊肚菌的形态发育分析[J].食药用菌,2016,24(4):222-238.

[12] 熊川,李小林,李强,等.羊肚菌生活史周期、人工栽培及功效研究进展[J].中国食用菌,2015,34(1):7-12.

[13] 吴相钰,陈守良,葛明德.陈阅增普通微生物学[M].4版.北京:高等教育出版社,2014.

[14] 杜习慧,赵琪,杨祝良.羊肚菌的多样性、演化历史及栽培研究进展[J].菌物学报,2014,33(2):183-197.

[15] 姜邻.四川羊肚菌产业现状与问题[C]//四川省农业科学院土壤肥料研究所,2016.

[16] 赵永昌.羊肚菌栽培的历史、现状和未来[C]//云南省农业科学院,2016.

[17] 赵永昌,吴毅歆,严世武. 羊肚菌发生区气候土壤生态环境研究[J]. 中国食用菌,1997,17(3):183-197.

[18] 赵琪,黄韵婷,徐中志,等. 羊肚菌栽培研究现状[J]. 云南农业大学学报,2009,24(6):904-907.

[19] 谢占玲,谢占青. 羊肚菌研究综述[J]. 青海大学学报(自然科学版),2007,25(2):36-39.

[20] 邢来君,李明春,魏东盛. 普通真菌学[M]. 2 版. 北京:高等教育出版社,2010.